Nathalie Menvielle - Curé

Tomographie à rayons X

Nathalie Menvielle - Curé

Tomographie à rayons X

Réduction des artéfacts métalliques

Presses Académiques Francophones

Impressum / Mentions légales

Bibliografische Information der Deutschen Nationalbibliothek: Die Deutsche Nationalbibliothek verzeichnet diese Publikation in der Deutschen Nationalbibliografie; detaillierte bibliografische Daten sind im Internet über http://dnb.d-nb.de abrufbar. Alle in diesem Buch genannten Marken und Produktnamen unterliegen warenzeichen-, marken- oder patentrechtlichem Schutz bzw. sind Warenzeichen oder eingetragene Warenzeichen der jeweiligen Inhaber. Die Wiedergabe von Marken, Produktnamen, Gebrauchsnamen, Handelsnamen, Warenbezeichnungen u.s.w. in diesem Werk berechtigt auch ohne besondere Kennzeichnung nicht zu der Annahme, dass solche Namen im Sinne der Warenzeichen- und Markenschutzgesetzgebung als frei zu betrachten wären und daher von jedermann benutzt werden dürften.

Information bibliographique publiée par la Deutsche Nationalbibliothek: La Deutsche Nationalbibliothek inscrit cette publication à la Deutsche Nationalbibliografie; des données bibliographiques détaillées sont disponibles sur internet à l'adresse http://dnb.d-nb.de.
Toutes marques et noms de produits mentionnés dans ce livre demeurent sous la protection des marques, des marques déposées et des brevets, et sont des marques ou des marques déposées de leurs détenteurs respectifs. L'utilisation des marques, noms de produits, noms communs, noms commerciaux, descriptions de produits, etc, même sans qu'ils soient mentionnés de façon particulière dans ce livre ne signifie en aucune façon que ces noms peuvent être utilisés sans restriction à l'égard de la législation pour la protection des marques et des marques déposées et pourraient donc être utilisés par quiconque.

Coverbild / Photo de couverture: www.ingimage.com

Verlag / Editeur:
Presses Académiques Francophones
ist ein Imprint der / est une marque déposée de
AV Akademikerverlag GmbH & Co. KG
Heinrich-Böcking-Str. 6-8, 66121 Saarbrücken, Deutschland / Allemagne
Email: info@presses-academiques.com

Herstellung: siehe letzte Seite /
Impression: voir la dernière page
ISBN: 978-3-8381-7679-6

REMERCIEMENTS

Je remercie toutes les personnes qui m'ont encouragée et aidée au cours de ce projet d'étude, effectué en vue de l'obtention du diplôme de maîtrise ès sciences appliquées de l'Ecole Polytechnique de Montréal en 2004.

Merci particulièrement à mon directeur de recherche, M. Yves Goussard, qui a guidé et corrigé mon travail.

Merci à mes co-directeurs de recherche : M. Dominique Orban qui m'a aiguillée sur les problèmes d'optimisation et M. Gilles Soulez qui a répondu à mes questions sur le fonctionnement du tomographe à rayons X.

Enfin, merci à ma famille et à mes amis qui m'ont soutenue pendant toute la durée de ce travail.

RÉSUMÉ

Ce travail a été proposé par M. Yves Goussard, professeur à l'École Polytechnique de Montréal, M. Dominique Orban, professeur à l'École Polytechnique de Montréal et M. Gilles Soulez, radiologue à l'hôpital Notre Dame de Montréal. Il s'inscrit dans le cadre de la recherche en imagerie et intervention vasculaire menée au Centre Hospitalier Universitaire de Montréal. Notre objectif est ici de réduire les artéfacts métalliques pouvant affecter les reconstructions tomographiques. Cela facilitera notamment le diagnostic de resténose chez les patients ayant subi une angioplastie et la pose d'un stent.

Les faisceaux utilisés en tomographie à rayons X sont polyénergétiques. Lors de leur propagation à travers les tissus, les photons de faible énergie sont plus fortement atténués et l'énergie moyenne du faisceau augmente. Ce « durcissement » du faisceau conduit à une diminution de l'atténuation tout au long de son parcours dans le patient. Il peut donc être différent selon les lignes de réponse enregistrées, ce qui perturbe l'algorithme de reconstruction utilisé dans le milieu hospitalier, lequel est basé sur l'hypothèse d'un rayon X incident *monochromatique*. On observe alors la présence d'artéfacts.

En intégrant le caractère *polychromatique* des rayons X, notre projet vise la réduction de ces artéfacts métalliques. La conception de la nouvelle méthode de reconstruction a nécessité deux étapes : la modélisation du problème direct, puis la reconstruction proprement dite.

Nous avons tout d'abord modélisé la source de rayons X, la propagation des rayons dans le corps tomographié et la détection des photons par les capteurs. Nous tenons compte du caractère polychromatique de la source en discrétisant les énergies des rayons émis. Les photons sont atténués d'une façon propre à leur énergie et au matériau traversé. Leur arrivée sur les détecteurs est modélisée par une loi de

Poisson : nous adoptons une description statistique du phénomène physique. La reconstruction d'image est ensuite posée comme un problème inverse et l'image reconstruite est obtenue par minimisation d'un critère composite formé par la somme d'un terme de fidélité aux données et d'un terme de régularisation. Ce dernier introduit une certaine information *a priori* sur la solution. Le critère à minimiser est non quadratique et non convexe. La solution doit de plus vérifier une contrainte de positivité.

La clé de reconstruction réside alors dans le choix de la méthode de minimisation du critère. Deux possibilités s'offraient à nous : l'utilisation des méthodes à régions de confiance ou l'utilisation des recherches linéaires. Les premières se sont avérées très lentes ; tous nos efforts se sont donc portés sur les secondes. Deux algorithmes ont été efficaces : le gradient conjugué non linéaire utilisant la détermination du pas de Moré et Thuente, qui converge de façon monotone vers un point stationnaire, et la méthode quasi-Newton L-BFGS pour laquelle aucune propriété de convergence ne peut être énoncée. Un changement de variable permet d'assurer la positivité de la solution.

Les deux méthodes développées ont été évaluées sur des données 2D. Les résultats obtenus en simulation montrent une réelle amélioration de la qualité des images : les artéfacts métalliques sont réduits. Les temps de reconstruction, bien que supérieurs à ceux obtenus par la méthode utilisée en milieu hospitalier, restent acceptables.

Des améliorations algorithmiques permettraient certainement d'accélérer la reconstruction. Enfin, des tests sur des données réelles valideraient la méthode de façon plus complète et constituerait un premier pas vers une reconstruction en trois dimensions.

TABLE DES MATIÈRES

LISTE DES TABLEAUX

LISTE DES FIGURES

LISTE DES NOTATIONS ET DES SYMBOLES

FBP   rétro-projection filtrée (Filtered Back Projection) algorithme de reconstruction supposant que les rayons X émis par la source sont monochromatiques.

1D   monodimensionnel

2D   bidimensionnel

CT   Computed Tomography

EMI   Electronical Musical Instrumental

FV   Fonction de Vraisemblance

RSB   rapport signal à bruit

GC   Gradient Conjugué non linéaire utilisant la recherche linéaire de Moré et Thuente et satisfaisant la contrainte de positivité pour ϕ

L-BFGS   *Limited memory BFGS*, technique de minimisation de quasi-Newton satisfaisant ici la contrainte de positivité pour ϕ

Notations du chapitre 2 :

ν fréquence d'émission du photon

h constante de Planck

W énergie de liaison de l'électron au noyau

Notations du chapitre 3 :

$p_\theta(r)$ sinogramme

$\mathcal{F}_1$ opérateur transformée de Fourier 1D

$\mathcal{F}_2$ opérateur transformée de Fourier 2D

$\boldsymbol{X}$ vecteur de données

$\boldsymbol{r}$ vecteur de bruit

$C(\boldsymbol{\mu})$	critère qui définit l'estimée $\widehat{\boldsymbol{\mu}}$
$R(\boldsymbol{\mu})$	fonction de régularisation
β	coefficient de régularisation

Notations du chapitre 6 :

G	critère à minimiser
$\boldsymbol{H}$	Hessien du critère G
$\boldsymbol{W}$	approximation du Hessien du critère G
$\boldsymbol{d}$	direction de descente
Δ	rayon de la région de confiance
$\boldsymbol{C}$	matrice de préconditionnement

Notations communes

λ	paramètre de la loi de Poisson suivie par les photons captés
b_{itotal}	nombre total de photons émis dans la direction i
$\boldsymbol{y}$	vecteur de données
$\boldsymbol{\mu}$	vecteur des coefficients linéiques d'atténuation à reconstruire
$\widehat{\boldsymbol{\mu}}$	estimation du vecteur des coefficients linéiques d'atténuation
$\boldsymbol{A}$	matrice de projection
K	nombre de niveaux d'énergie considérés
E	énergie du photon émis
N	nombre de rayons X émis
f_{KN}	fonction de Klein-Nishita

LISTE DES ANNEXES

CHAPITRE 1

INTRODUCTION

1.1 Naissance du projet

Un rapport du système canadien de surveillance des maladies cardio-vasculaires
(SCSMC) publié en 2000, révèle que les maladies cardio-vasculaires comptent parmi
les principales causes de maladie, d'invalidité et de décès au Canada. Parmi les
causes des maladies cardio-vasculaires, la plus importante est l'athérosclérose, phénomène dégénératif qui atteint les artères en diminuant leur élasticité et en créant
une diminution, voire un arrêt du flux artériel. Elle est due à un dépôt de lipides
et de calcaire sur la paroi de l'artère (Figure 1.1).

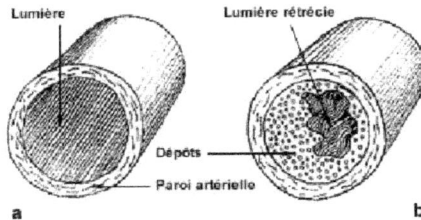

Figure 1.1 Athérosclérose : (a) coupe transversale d'une artère normale, (b) lumière
rétrécie par les dépôts sur la paroi artérielle (Versicherung, 2001)

Lorsque l'athérosclérose est trop importante, une intervention chirurgicale peut être
nécessaire : l'angioplastie. Utilisée depuis 1977, l'angioplastie permet de rétablir un
flux sanguin normal dans les artères rétrécies par une plaque d'athérosclérose. Elle

1

consiste à insérer dans l'artère bouchée un fin cathéter terminé par un ballonnet qui, une fois gonflé, dilate l'artère et permet un rétablissement du flux sanguin. Mais dans les six mois suivant cette intervention, trois complications peuvent se produire : un recul élastique de la paroi artérielle diminuant son diamètre, une prolifération de cellules due à la cicatrisation des tissus et une vasoconstriction chronique du vaisseau. C'est ce qu'on appelle la resténose post-angioplastie. On peut déposer alors à l'intérieur un petit treillis métallique, le stent (Figure 1.2), qui tel un ressort, maintient l'artère ouverte lorsque le ballonnet est retiré (Figure 1.3). (Il existe également des stents à mémoire de forme dont la mise en place ne nécessite pas de ballonnet.) Le stent réduit le taux de resténose de 30% en limitant le recul élastique et la vasoconstriction, mais il n'empêche pas la prolifération cellulaire.

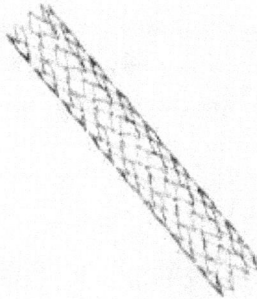

Figure 1.2 Stent, The Heart Center of Lafourche (1998)

Dans ce contexte, un suivi médical s'avère indispensable pour le diagnostic précoce de l'athérosclérose et la surveillance des resténoses après une angioplastie. Les médecins utilisent entre autres pour cela la tomographie à rayons X, technique d'imagerie rapide et moins invasive qu'une opération chirurgicale.

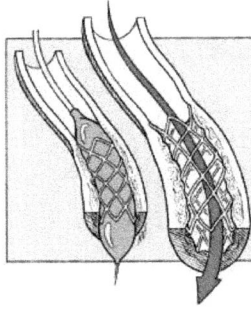

Figure 1.3 Mise en place du stent par gonflement du ballonnet, The Heart Center of Spokane (2004)

1.2 La tomographie à rayons X

La tomographie X assistée par ordinateur, appelée également tomodensitométrie ou computerized tomography (CT) en anglais, est apparue à la fin des années soixante. L'idée initiale vient de deux médecins : le Dr Oldendorf et le Dr Ambrose, et le premier prototype industriel fut réalisé en 1968 par G. N. Hounsfield, ingénieur de la firme anglaise E.M.I. (Electronical Musical Instrumental) qui reçut le prix Nobel en 1979. C'est en 1972 que le premier tomographe à rayons X (du grec « tomos » qui signifie « tranche ») apparaît dans un environnement clinique.

Contrairement à la radiographie qui n'offre qu'une vue en projection du corps irradié, la tomographie visualise des coupes transversales de ce corps. Elle présente ainsi l'avantage de pouvoir imager chacun des organes sans les confondre. La Figure 1.4 présente schématiquement ces deux techniques d'imagerie.

Le tomographe émet des rayons X coplanaires dans plusieurs directions et détecte le nombre de photons ayant traversé le corps. Un algorithme de reconstruction

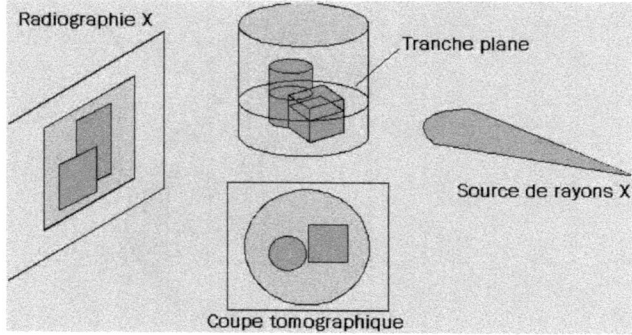

Figure 1.4 Comparaison des principes de la radiographie et de la tomographie

permet ensuite de visualiser le plan ainsi balayé par le faisceau X. Dans l'immense majorité des tomographes commerciaux, l'algorithme de rétro-projection filtrée est utilisé.

1.3 La rétro-projection filtrée

La reconstruction d'images par rétro-projection filtrée (FBP), originellement développée pour des applications astrophysiques, fut utilisée à des fins médicales peu après l'invention du tomographe en 1972. Elle reconstruit successivement des coupes transversales du corps irradié. Des opérations d'interpolation permettent ensuite d'obtenir une reconstruction tridimensionnelle du corps. La reconstruction d'un volume en tomographie axiale est donc appréhendé comme une succession de problèmes de reconstruction indépendants en 2D. C'est pour cela que notre étude se limitera à des reconstructions d'images à deux dimensions.

Afin de réduire les temps de calcul et les coûts de mise en œuvre, la reconstruction FBP fait des hypothèses simplificatrices sur le processus de génération des données. Elle suppose notamment que les rayons X émis sont monochromatiques. Les erreurs de reconstruction dues à ces approximations sont généralement relativement faibles. Mais les artéfacts (« phénomènes parasites imputables à la technique utilisée, faussant l'interprétation d'une observation, d'un examen ou d'une expérience », Hamburger (1982)) peuvent devenir très importants lorsque les conditions sont défavorables, notamment en présence d'objets très atténuants, comme les pièces métalliques. Les Figures 1.5 et 1.6 présentent de tels artéfacts.

Figure 1.5 Scan transversal d'un stent avec extrémités en tantale (Létourneau-Guillon et al., 2004)

Il est ici impossible de visualiser la lumière du stent. Les calcifications et les sténoses ne pourront, par exemple, pas être détectées.

Des algorithmes ont été développés afin de réduire les artéfacts de reconstruction. La qualité de l'image reconstruite est sensiblement améliorée, mais ces méthodes nécessitent soit une forte dose de rayons X soit un long temps de calcul. Nous proposons donc ici une nouvelle technique de reconstruction tomographique qui tient compte du caractère polychromatique des rayons X. En décrivant le processus de génération des données de façon plus réaliste, nous espérons réduire les artéfacts. Une mise en œuvre adaptée conduira à des temps de calcul acceptables.

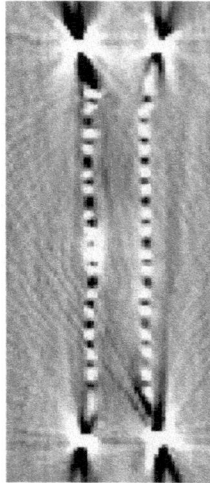

Figure 1.6 Scan longitudinal d'un stent (Létourneau-Guillon et al., 2004)

Chapitre 1 - Introduction

1.4   Objectifs de notre travail

Ce travail a été proposé par M. Gilles Soulez, M.D. et M.Sc. radiologue à l'hôpital Notre Dame de Montréal et M. Yves Goussard, Ph.D. professeur à l'École Polytechnique de Montréal. M. Dominique Orban, Ph.D. professeur à l'École Polytechnique de Montréal, a également participé activement à la détermination d'une technique de minimisation ecace.

Notre objectif est de réduire les artéfacts métalliques en établissant un bon compromis entre la qualité de l'image, le temps de calcul et le coût de mise en œuvre. Comme nous nous intéressons aux applications vasculaires décrites plus haut, un test de qualité des images reconstruites sera d'être capables de visualiser la lumière d'une artère munie d'un stent.

Notre étude a nécessité trois grandes étapes. Nous nous sommes, dans un premier temps, documentés sur les procédés techniques et les principes physiques régissant la tomographie. Puis nous avons étudié les techniques de reconstruction existantes et leurs limites. Enfin, nous avons proposé et testé une nouvelle méthode de reconstruction.

Le présent rapport est structuré en six chapitres. Les cinq premiers chapitres constituent un exposé des questions méthodologiques et pratiques associées à la reconstruction en tomographie à rayons X. Nous présenterons une nouvelle méthode permettant de réduire les artéfacts métalliques dans un dernier chapitre.

Le chapitre 2 présente le cadre de l'étude. Nous expliquons le principe de fonctionnement d'un tomographe à rayons X et les phénomènes physiques qui permettent la formation des données brutes. Dans le chapitre 3, nous présentons les diérentes techniques de reconstruction basées sur l'hypothèse que les rayons X émis sont monochromatiques. Cette revue de littérature est prolongée au chapitre 4 par l'exposé des m éthodes de reconstruction existantes qui tiennent compte du caractère polychromatique des rayons X. Nous faisons au chapitre 5 un état des lieux des techniques de minimisation. Finalement, nous proposons au chapitre 6 une nouvelle m éthode de reconstruction d'images et nous présentons les résultats obtenus sur des images simulées. Nous esquisserons, pour terminer, les travaux qu'il reste à eectuer pour valider complètement la m éthode retenue.

LA TOMOGRAPHIE À RAYONS X : PRINCIPES PHYSIQUES

Afin de recueillir des informations sur le corps à imager, le tomographe émet un faisceau de rayons X. Ces rayons se propagent suivant un angle d'incidence donné dans le corps et interagissent avec la matière. Le nombre de photons ayant traversé le corps est alors détecté par des capteurs. À une fréquence donnée, chaque matériau constitutif du corps atténue les rayons X de façon caractéristique. C'est donc l'atténuation subie par le rayon en chaque point du corps que le tomographe cherche à reconstruire. Autrement dit, une image tomographique est une cartographie de l'atténuation subie par les rayons X en chaque point du plan.

Avant de s'intéresser à la reconstruction d'images proprement dite, il est nécessaire de connaître les processus physiques de génération des données : génération des rayons X, propagation dans le corps tomographié et détection du nombre de photons ayant traversés le corps. Après une brève présentation des évolutions technologiques du tomographe, nous nous attarderons sur ces mécanismes.

2.1   Présentation générale

Le premier tomographe fut réalisé par Hounsfield en 1968.

La chaîne tomographique est schématisée par la Figure 2.1. Elle est constituée d'un ensemble d'appareils comprenant :
- Un système de mesures constitué
  - d'un tube générateur de rayons X . Le faisceau de rayons X se propage selon

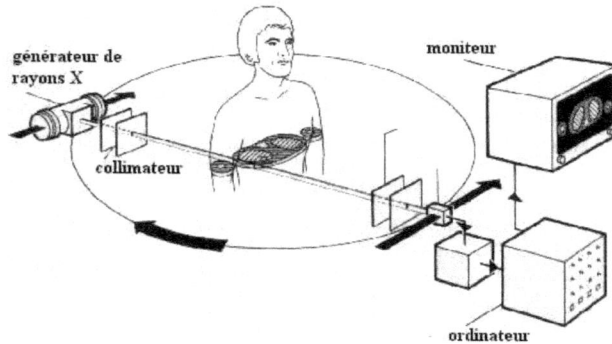

Figure 2.1 Schéma de fonctionnement du tomographe à rayons X (Dunkerque, 2003)

un axe dit « axe de détection ».

– d'un ensemble d'acquisition de mesures. Les détecteurs électroniques recueillent le rayonnement résiduel après traversée de l'organe tomographié. Ils mesurent l'atténuation des rayons X dans l'axe du faisceau par comparaison avec un rayonnement témoin.

• Un système de reconstruction de l'image. Les signaux sont numérisés puis traités par un ordinateur. Celui-ci, après avoir reconstruit la carte des coecients d'atténuation, traduit cette dernière en image à niveaux discrets.

• Un système de visualisation de l'image. Chaque donnée numérique est convertie sur un écran d'ordinateur (moniteur) en un point lumineux dont l'intensité est proportionnelle aux niveaux discrets. Il est ensuite possible de reproduire cette image sur film vidéo ou sur papier.

La réalisation la plus simple d'un scanner X nécessiste donc un émetteur de rayons X et un récepteur solidaire. Le corps étudié est placé entre ces deux éléments. Le couple émetteur/récepteur est alors successivement animé d'un mouvement de translation et de rotation pour déterminer les coecients d'absorption en chaque point du plan. Ce principe est illustré sur la Figure 2.2.

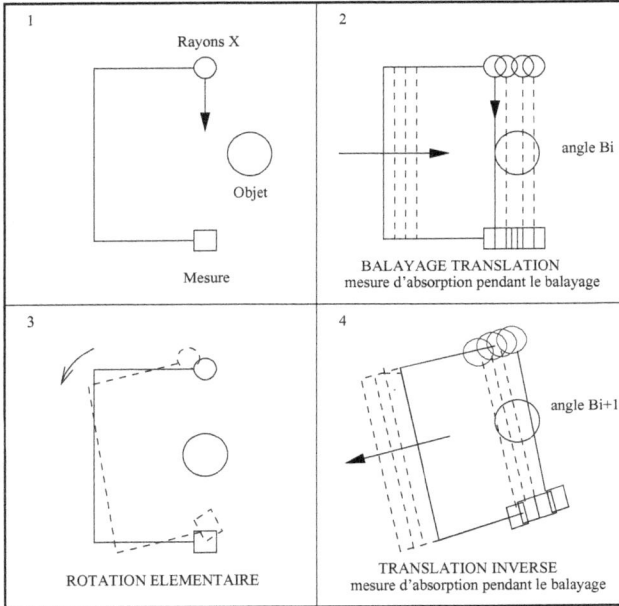

Figure 2.2 Balayage des rayons X (Supelec, 2004)

Le système de reconstruction de l'image et le système de visualisation de l'image permettent le traitement des données. Ils seront étudiés plus en détail dans les chapitres suivants ; nous nous concentrerons ici sur la génération des données.

2.2 Evolutions technologiques

Les systèmes tomodensitométriques ont beaucoup évolué depuis le premier prototype construit en 1971 et uniquement constitué d'un tube à rayons X et d'un détecteur entre lesquels était placé le patient. L'objectif poursuivi est double :

– tout d'abord, réduire la dose de rayons X administrée aux patients car ce sont des rayonnements ionisants donc dangereux pour la santé,

– mais aussi fournir des données les plus fiables possibles pour éviter les artéfacts lors de la reconstruction.

La première génération de scanners, apparue en 1972, (Figure 2.3-a) utilisait un faisceau étroit de rayons X et un seul détecteur. L'ensemble pouvait translater en plusieurs pas (environ 160) et ensuite tourner de 180° par pas de 1°, ce qui nécessitait un temps total de balayage assez long, compris entre trois et cinq minutes. Cependant, l'élimination du rayonnement diusé y était meilleure que dans les générations ultérieures grâce à une bonne collimation de la source et du détecteur.

La deuxième génération de scanners, commercialisée en 1974, (Figure 2.3-b) utilisait un faisceau divergent étroit (de l'ordre de 10°) et un petit nombre de détecteurs. L'ensemble pouvait également translater et tourner de 180° mais nécessitait moins de pas angulaires, ce qui réduisait de temps de balayage à 20 secondes par coupe.

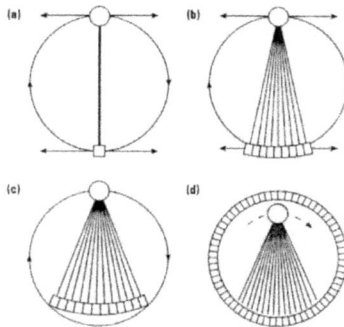

Figure 2.3 G énérations successives de scanners à rayons X (Louvain, 2004)

Chapitre 2 - La tomographie à rayons X : principes physiques

La troisième génération de scanners, mise au point en 1976, (Figure 2.3-c), toujours très répandue aujourd'hui, utilise un faisceau divergent de plus grand angle (pour couvrir toute la largeur du patient) et un grand nombre (plusieurs centaines) de détecteurs. Il n'y a plus de mouvement de translation mais une simple rotation de l'ensemble autour du patient, ce qui réduit le temps d'acquisition à 1 seconde. Cependant, cette génération soure d'un problème important : la présence éventuelle d'artéfacts en anneaux dus aux diérences dans les réponses des détecteurs. Chaque détecteur individuel est, en eet, responsable des données conduisant à un anneau dans l'image. Il s'agit d'une approximation partiellement liée, de plus, à l'algorithme de rétroprojection. Il faut cependant noter que, grâce aux détecteurs modernes et aux logiciels de calibration sophistiqués, les artéfacts en anneaux ont pratiquement disparu dans les scanners de troisième génération.

La quatrième génération de scanners (Figure 2.3-d) a été construite pour résoudre ce problème. Ici, seul le tube à rayons X tourne autour du patient qui est placé dans un anneau continu de plusieurs milliers de détecteurs stationnaires. Le temps d'acquisition est de l'ordre de 1 seconde par coupe, autorisant les explorations du thorax et de l'abdomen. Pendant la reconstruction, les données sont traitées en considérant chacun des détecteurs comme le sommet d'un faisceau divergent de rayons issus des diérentes positions de la source. De cette façon, chaque détecteur est son propre détecteur de référence et les artéfacts en anneaux sont éliminés.

Afin de réduire l'et de pénombre par une meilleure focalisation et augmenter la distance patient-tube, le scanner de cinquième génération (Figure 2.4) place le tube à rayons X en dehors de la couronne. Cette couronne est animé d'un mouvement de nutation, les détecteurs proches du tube s'eaçant pour laisser passer le rayonnement incident. Ce type de scanner principalement utilisé pour acquérir des images rapides en cardiologie, le temps d'acquisition étant de l'ordre de 50 millisecondes.

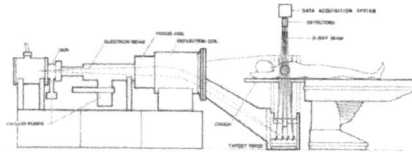

Figure 2.4 Scanner de cinquième génération (Imatron) (Louvain, 2004)

Les scanners de troisième et quatrième générations ont évolué, au début des années 90, grâce à la technologie du « slip ring » où les anciens contacts électriques par câbles entre les parties mobiles et fixes sont remplacés par des balais glissants sur un anneau collecteur, ce qui permet une rotation continue. Cette technique a également permis, en 1989, le développement des scanners hélicoïdaux (sixième génération) où le lit se déplace pendant que le tube et les détecteurs décrivent plusieurs rotations autour du patient. Le tube à rayons X réalise ainsi un déplacement en hélice, si on se place dans un repère lié à la table (Figure 2.5). Il permet l'acquisition d'un grand volume anatomique (50 à 60 cm de longueur) en moins d'une minute.

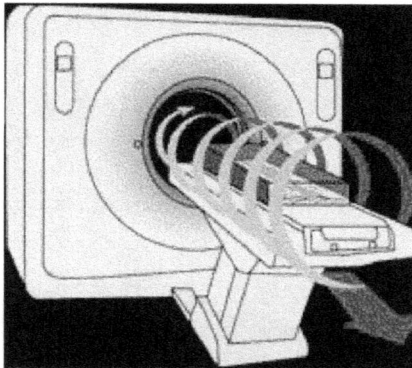

Figure 2.5 Principe d'un scanner hélicoïdal (Louvain, 2004)

Chapitre 2 - La tomographie à rayons X : principes physiques

À la suite d'opérations d'interpolation, le processeur reconstruit une représentation 3D. En réduisant le temps d'aquisition des données, le scanner hélicoïdal permet d'imager des parties du corps qui sont en mouvement perpétuel, comme le coeur ou la cage thoracique. Ceci est rarement possible sur un scanner planaire car les mouvements involontaires du patient introduisent du flou dans l'image. La diminution du temps d'exposition entraîne également une diminution de la dose de rayonnement ionisant. Le patient est donc moins exposé. Le milieu hospitalier utilise actuellement cette génération de tomographes.

Pour utiliser les rayons X produits de façon plus ecace, les scanners de la septième génération contiennent plusieurs anneaux de détecteurs et l'épaisseur de tranche imagée ne dépend plus de l'ouverture du collimatieur mais plutôt de la taille des détecteurs (Figure 2.6). Il en résulte une plus grande flexibilité dans le protocole d'acquisition (on peut faire varier l'épaisseur des tranches en sommant des plans adjacents) et une meilleure ecacité.

Les progrès technologiques eectués sur les tomographes ont conduit à une amélioration des performances, comme le montre le Tableau 2.1. Les valeurs indiquées correspondent à des conditions d'acquisition standard.

Tableau 2.1 Evolution des performances des scanners au cours du temps

Année	1972	1980	1990	2000
Temps d'acquisition (s)	300	2.5	1	0.5
Taille de l'image (pixels)	80 * 80	256 * 256	512 * 512	1024*1024
Résolution spatiale (pixels/cm)	3	15	15	15
Résolution en contraste	5mm/5UH/ 50mGy	3mm/3UH/ 30mGy	3mm/3UH/ 30mGy	3 mm/3UH/ 30mGy

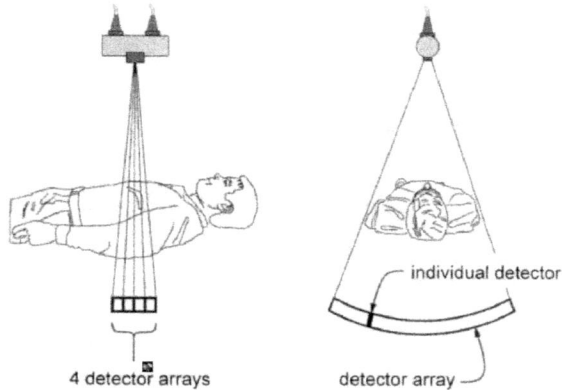

individual detector

4 detector arrays

detector array

Figure 2.6 Représentation schématique des anneaux de détecteurs utilisés dans la septième génération de scanner (Louvain, 2004)

Au vu des deux objectifs poursuivis énoncés plus haut, nous pouvons remarquer que :

- le temps d'acquisition a été considérablement amélioré : la dose de rayons X administrée au patient a été réduite ;
- les améliorations technologiques apportées au système de mesure ont permis d'améliorer les caractéristiques de l'image (résolution spatiale et contraste) entre les années 1972 et 1980. Mais aucune évolution n'est notée depuis 1980. Le système de mesure semble donc être susamment fiable et les eorts doivent maintenant être portés sur les algorithmes de reconstruction d'image pour limiter les artéfacts.

Afin de réduire les temps de calcul et les coûts de mise en œuvre, les algorithmes de reconstruction actuellement utilisés font des hypothèses simplificatrices sur le processus de génération des données. Ces approximations conduisent à des artéfacts dans l'image. Décrire plus précisément les mécanismes physiques de formation des données (la génération des rayons X, leur intéraction avec la matière et leur détection) permettrait alors d'améliorer la qualité des images. Nous les avons étudiés.

2.3 Les rayons X

Les rayons X sont des ondes électromagnétiques, constituées de photons. Chaque photon possède une énergie E inversement proportionnelle à sa longueur d'onde :

$$E = \frac{hc}{} = h \qquad (2.1)$$

avec h = 6.6261 × 10^{-34} Js, la constante de Planck ; c = 3 × 10^8 m/s, la vitesse de la lumière ;   la longueur d'onde en m ; et   la fréquence de l'onde en s^{-1}. La longueur d'onde des rayons X est comprise entre 10^{-8} m et 10^{-12} m. Les photons ont donc une énergie comprise entre 0.1 keV et 1000 keV. Dans les tomographes, l'énergie des photons est comprise entre 30 et 140 keV.

2.3.1 Génération des rayons X

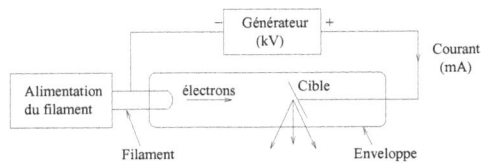

Figure 2.7 Schéma de principe de l'émission générale d'un rayon X (Barthez, 2002)

Un tube à rayons X, schématisé sur la Figure 2.7, est constitué de deux électrodes placées sous vide dans une enveloppe en verre résistant à la chaleur. La cathode, chauée par passage d'un courant électrique, émet des électrons qui sont accélérés vers l'anode par une diérence de potentiel pouvant aller de 20 à 150 kV. Les électrons interagissent avec le matériau de l'anode et finissent par s'arrêter. L'énergie absorbée apparaît en grande partie sous forme de chaleur (99%), mais une petite fraction (1%) est émise sous forme de rayons X.

Deux mécanismes sont à l'origine de la formation des rayons X dans un tube radiogène : l'émission générale (ou bremsstrahlung) et l'émission caractéristique. Dans les deux cas, les rayons X sont le fruit de l'interaction entre un flux d'électrons lancés à grande vitesse et une cible matérielle.

L'émission générale est le mode principal de formation des rayons X en tomographie (> 80%). Elle se produit lorsque l'électron passe à proximité du noyau et se trouve attiré par sa charge. L'électron est alors dévié, ralenti, et l'énergie perdue est émise sous forme de photons X. L'énergie des rayons X produits de cette manière est variable. Elle dépend de trois paramètres : de l'énergie cinétique de l'électron, de l'attraction du noyau (c'est-à-dire de sa charge) et de la distance entre l'électron et le noyau, qui est aléatoire. Les rayons X ainsi produits peuvent avoir toutes les énergies possibles entre zéro et l'énergie cinétique des électrons. La probabilité de produire un rayon X de forte énergie étant plus faible que la probabilité de produire un rayon X de faible énergie, le spectre d'émission est décroissant avec l'énergie. Le faisceau X émis est polychromatique.

L'émission caractéristique est un phénomène mineur dans la production des rayons X. L'électron incident vient percuter un électron d'une couche profonde et parvient à l'éjecter. La vacance laissée dans cette couche est alors comblée par un électron d'une couche plus externe, ce qui libère une énergie égale à la diérence des énergies de liaison des deux couches sous forme de rayons X caractéristiques. L'énergie de liaison des électrons étant unique pour chaque couche et chaque atome, le spectre d'énergie des rayons X émis est caractéristique de l'atome en question. Il s'agit

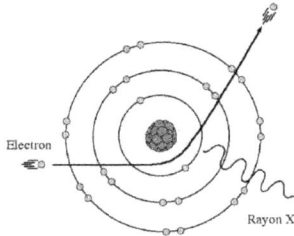

Figure 2.8 Schéma de principe de l'émission générale d'un rayon X (Barthez, 2002)

d'une émission dont l'énergie ne dépend que de l'atome constituant la cible.

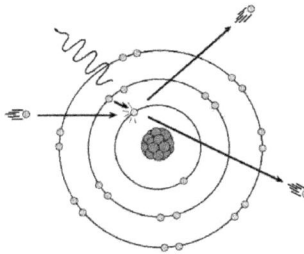

Figure 2.9 Schéma de principe de l'émission caractéristique d'un rayon X (Barthez, 2002)

La Figure 2.10 présente un spectre d'émission de rayons X : à l'émission générale, viennent s'ajouter les raies correspondant à l'émission caractéristique du tungstène.

La méthode de reconstruction utilisée en milieu hospitalier suppose que les rayons X sont monochromatiques et que le nombre de photons émis par rayon est connu et égal à N_0. Afin de décrire plus fidèlement la réalité, nous pouvons considérer que les rayons X sont polychromatiques et que le nombre de photons émis par rayon suit une loi de Poisson de paramètre N_0. Cette description statistique permet de

19

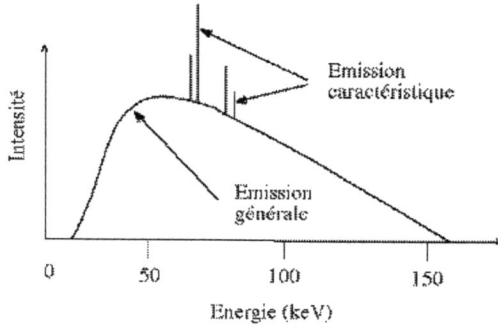

Figure 2.10 Spectre d'émission des rayons X (Barthez, 2002)

tenir compte du caractère aléatoire de l'émission générale.

2.3.2 Atténuation des rayons X

L'atténuation est en fait une série d'intéractions entre les photons et les atomes du matériau. L'algorithme de rétro-projection filtrée (FBP) se contente d'une description macroscopique de ces phénomènes. Nous ferons également une étude microscopique qui sera utilisée dans la méthode de reconstruction que nous proposerons plus loin.

2.3.2.1 Description macroscopique

Considérons un faisceau de rayons X comptant N_0 photons et traversant le corps à imager le long d'un segment [a, b]. Soit X_N une variable aléatoire égale au nombre de photons ayant effectivement traversé le corps. Soit μ le coecient d'atténuation linéique du corps, exprimé en cm^{-1}.

Nous supposerons que chaque photon est indépendant des autres particules émises. Lambert (1760) a alors montré que la transmission d'un photon à travers une tranche du corps d'épaisseur infinitésimale Δs, est une variable aléatoire de Bernoulli. Tout photon incident au point s présente ainsi une probabilité $(1 - \mu(s)\Delta s)$ d'être transmis et une probabilité $\mu(s)\Delta s$ d'être absorbé.

Subdivisons le segment [a, b] en m intervalles disjoints que nous supposerons indépendants. Définissons pour k, entier variant entre 1 et m :

$$J_k = \left[a + \frac{(k-1)(b-a)}{m}, a + \frac{k(b-a)}{m} \right] \tag{2.2}$$

Pour qu'un photon incident au point a émerge au point b, il doit traverser chacun de ces sous-intervalles. La probabilité pour qu'une particule traverse J_k est approximativement égale à :

$$p_{k,m} \simeq 1 - \mu\left(a + \frac{k(b-a)}{m}\right)\frac{b-a}{m} \tag{2.3}$$

Il s'agit d'une approximation car les sous-intervalles J_k ne sont pas d'épaisseur infinitésimale. Mais puisqu'ils sont indépendants, la probabilité qu'un photon incident en a émerge en b est égal à :

$$p_{ab,m} \simeq \prod_{k=1}^{m} p_{k,m} \tag{2.4}$$

En prenant le logarithme de cette expression, on obtient :

$$\ln p_{ab,m} = \sum_{k=1}^{m} \ln\left[1 - \mu\left(a + \frac{k(b-a)}{m}\right)\frac{b-a}{m} \right] \tag{2.5}$$

Le développement de Taylor du logarithme donne :

$$\ln p_{ab,m} = - \sum_{k=1}^{m} \mu\left(a + \frac{k(b-a)}{m}\right)\frac{b-a}{m} + O(m^{-1}) \tag{2.6}$$

21

Lorsque m tend vers l'infini, le membre de droite de l'équation converge vers $-\int_a^b \mu(s)ds$. La probabilité pour qu'une particule incidente au point a émerge au point b est donc :

$$p_\mu = e^{-\int_a^b \mu(s)ds} \tag{2.7}$$

Soient N_0 particules incidentes en a, de même énergie. En supposant que chaque photon émis est indépendant des autres particules émises, la probabilité que k particules émergent en b est égale à :

$$P(k,N) = \binom{N}{k} e^{-k\int_a^b \mu(s)ds} \left[1 - e^{-\int_a^b \mu(s)ds}\right]^{N-k} \tag{2.8}$$

Le nombre moyen de photons émergents $N = E[X_N]$ est alors égal à :

$$N = N_0 e^{-\int_a^b \mu(s)ds} \tag{2.9}$$

Cette équation due à Beer-Lambert est à la base de nombreuses méthodes de re-construction. Elle signifie que le nombre moyen de photons X traversant la matière suit une loi exponentielle.

La méthode de reconstruction actuellement utilisée dans le milieu médical suppose que le nombre effectif de photons émergents est égal au nombre moyen de photons émergents donné par l'équation de Beer-Lambert. Il s'agit d'une approche déterministe.

Dans une approche statistique, la production de rayons X est modélisée par un processus de Poisson de paramètre N_0 et l'atténuation des photons dans le matériau est de Bernoulli de paramètre p_μ. La combinaison de la production et de l'atténuation des rayons X est donc modélisée par un processus de Poisson (Epstein, 2003). Démontrons ce résultat. La probabilité pour que k photons traversent le matériau sachant que N photons sont émis est égale à :

$$P_d(k,N) = \begin{cases} \dbinom{N}{k} p_\mu^k (1-p_\mu)^{N-k} & k = 0,..,N \\ 0 & k > N \end{cases} \tag{2.10}$$

De plus, la source est décrite par :

$$P_s(X = N) = \frac{N_0^N e^{-N_0}}{N!} \tag{2.11}$$

La probabilité pour que k photons traversent le matériau , $P_0(d = k)$ est alors :

$$\begin{aligned} P_0(d = k) &= \sum_{N=k}^{\infty} P_s(N) P_d(k,N) \\ &= \sum_{N=k}^{\infty} \binom{N}{k} p_\mu^k (1-p_\mu)^{N-k} \frac{N_0^N e^{-N_0}}{N!} \\ &= e^{-N_0} \sum_{k=N}^{\infty} \frac{1}{k!(N-k)!} (N_0 p_\mu)^k (N_0(1-p_\mu))^{N-k} \\ &= \frac{(N_0 p_\mu)^k}{k!} e^{-N_0} e^{N_0(1-p_\mu)} \\ &= \frac{(N_0 p_\mu)^k}{k!} e^{-N_0 p_\mu} \end{aligned} \tag{2.12}$$

La combinaison de la génération des rayons X (modélisée par une loi de Poisson de paramètre N_0) et de leur atténuation (modélisée par une loi de Bernoulli de paramètre p_μ) peut donc être décrite par une loi de Poisson de paramètre $N_0 p_\mu$. Pour des photons incidents de même énergie, p_μ est donné par l'équation (2.7). La génération et l'atténuation des rayons X suit donc une loi de Poisson de paramètre $N_0 e^{-\int_a^b \mu(s)ds}$.

La méthode que nous avons développée s'appuie également sur une description microscopique de l'atténuation des rayons X. Nous allons la présenter.

2.3.2.2 Description microscopique

Lorsqu'un faisceau de rayons X traverse l'objet à radiographier, trois types d'événements peuvent se produire (Barthez, 2002) :

- Certains photons X traversent la matière sans interaction. Ils forment, par convention, les parties sombres de l'image tomographique.
- Certains photons X sont complètement absorbés dans la matière par un eet photoélectrique. Ainsi sont formées les parties claires de l'image radiographique.
- Certains photons X sont déviés. Ces rayons X forment le rayonnement secondaire (ou diusé), rayonnement ionisant contre lequel il faut se protéger.

Les deux derniers événements atténuent l'intensité du faisceau en diminuant le nombre de photons et en diminuant l'énergie de ces photons. Ils sont de nature statistique.

L'eet photoélectrique

C'est le phénomène physique le plus intéressant pour la formation de l'image radiologique. Il s'agit de l'émission d'un électron par un atome lorsque celui-ci est frappé par un photon d'énergie h , supérieure à l'énergie de liaison. L'électron reçoit une énergie E = h − W , où W est l'énergie de liaison de l'électron au noyau. W représente donc l'énergie nécessaire pour arracher l'électron du nuage électronique et E l'énergie cinétique reçue par l'électron (Figure 2.11). Le photon incident, ayant cédé toute son énergie, disparaîtra. L'électron, maintenant libre, est appelé photo-électron. Il sera rapidement absorbé par le matériau.

L'atome se retrouve alors en déficit d'un électron d'une couche interne, ce qui est un état instable. Un électron de la couche externe, moins fortement lié, changera de niveau pour occuper la couche interne. Cette transition se fera en émettant un photon d'énergie égale à la diérence entre les énergies de liaison des deux niveaux.

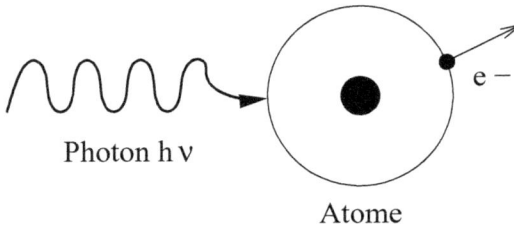

Figure 2.11 Représentation schématique de l'et photoélectrique (Hustache, 2001)

L'émission de ce photon est appelé rayonnement caractéristique. Cependant, dans les milieux biologiques où ces interactions se produisent, le rayonnement caractéristique est de très faible énergie (quelques électron-volts) et sera réabsorbé sur place.

Dans les tissus biologiques, l'énergie de liaison est faible comparativement aux énergies des rayons X utilisés en tomographie. Par exemple, le calcium, qui est un des éléments ayant le numéro atomique le plus élevé du corps humain et qu'on retrouve en quantité raisonnable, présente une énergie de liaison de 4 keV pour la couche la plus interne. Les autres éléments des tissus ont des énergies plus faibles encore. On voit donc que les rayonnements caractéristiques émis sont de faible énergie et conséquemment ils sont absorbés dans le matériau. L'et photoélectrique est donc un type d'interaction conduisant à l'absorption totale des énergies des photons X ayant subi cette interaction.

L'et photoélectrique se produit principalement lorsque l'énergie des rayons X est faible (50- 80 keV). La probabilité qu'un rayon X d'énergie donnée produise un et photoélectrique lorsqu'il traverse la partie à radiographier dépend de la densité des tissus et également du numéro atomique de l'atome cible. Plus le numéro atomique de l'atome est élevé, plus les rayons X sont arrêtés facilement. Par exemple, pour un rayon X d'énergie donnée, la probabilité d'interaction par un eet photoélectrique est $(82/16)^3$ = 135 fois plus grande pour un atome de plomb que pour un atome d'oxygène.

L'eet Compton

Le photon interagit dans ce cas avec un électron dit libre c'est-à-dire très périphérique dans le cortège électronique. Le photon incident disparaît et il en résulte (Figure 2.12) :

- l'apparition d'un rayonnement dit diusé partant avec un certain angle par rapport à la trajectoire du photon incident.
- l'électron quant à lui reçoit une partie de l'énergie du photon incident et est éjecté avec un angle .

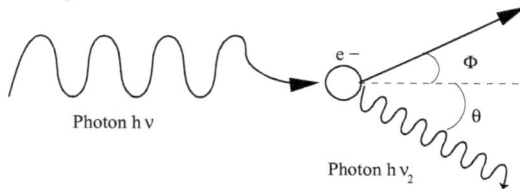

Figure 2.12 Représentation schématique de l'eet Compton (Hustache, 2001)

L'eet Compton a donc pour résultat une déviation et une réduction de l'énergie du rayon X incident. Il se produit principalement lorsque l'énergie des rayons X est élevée. C'est à dire lorsque la tension d'alimentation (kV) est élevée. La probabilité qu'un rayon X d'énergie donnée produise un eet Compton lorsqu'il traverse la partie à radiographier dépend uniquement de la densité des tissus (et non du numéro atomique). Ce dernier élément constitue une diérence ma jeure entre les deux eets dont la conséquence sur la formation de l'image est très importante : l'eet Compton est responsable d'un contraste moins marqué que l'eet photoélectrique.

Importance relative de l'et photoélectrique et de l'et Compton

Pour résumer les deux paragraphes précédents : à milieu donné, l'et photoélectrique est prépondérant sur l'et Compton lorsque l'énergie des rayons X est faible (< 50 keV) et l'et Compton prépondérant sur l'et photoélectrique lorsque leur énergie est élevée (> 100 keV). Pour un rayonnement d'énergie donnée, l'et photoélectrique est prépondérant lorsque le numéro atomique est élevé et l'et Compton domine lorsque le numéro atomique est faible (Figure 2.13).

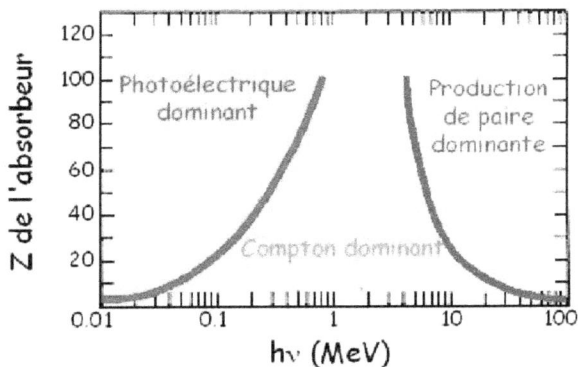

Figure 2.13 Importance relative des trois types majeurs d'interactions photon-matière (établie à partir des tables de coecients d'atténuation) (Hubbel et Seltzer, 1995)

Autres interactions rayonnement-matière

Outre l'et Compton et l'et photo-électrique, il existe trois autres types d'interaction rayonnement-matière, mais ceux-ci ont un rôle négligeable.

Chapitre 2 - La tomographie à rayons X : principes physiques

1. Diusion cohérente : elle se produit lorsqu'un photon de faible énergie est absorbé par un atome et est immédiatement réémis à la même énergie mais dans une direction diérente. Moins de 5 % des photons subissent une intéraction de ce type aux énergies utilisées en tomographie.

2. Production de paires : lorsqu'un photon de haute énergie entre en interaction avec le noyau d'un atome, le photon est entièrement converti en matière sous la forme d'une paire de particules, à savoir un électron et un positron (anti-électron).

3. Photo-désintégration : cet eet se produit lorsqu'un photon de très haute énergie fragmente une partie du noyau. Les parties fragmentées peuvent être un proton, un neutron, une particule alpha ou un ensemble de particules.

La production de paires exige des photons d'au moins 1.02 MeV (deux photons d'au moins 511 keV) et au moins 7 MeV sont nécessaires pour que la photo-désintégration se manifeste. Ces interactions ayant cours à des énergies bien au-delà de celles utilisées en tomographie, nous ne les discuterons pas davantage.

2.3.3   Détecteurs

Trois types de détecteurs à rayons X sont utilisés en tomographie.

Les premiers tomographes utilisaient des cristaux scintillateurs couplés à un tube photo-multiplicateur. Les scintillateurs convertissent les rayons X en lumière visible, dirigée vers le tube photo-multiplicateur qui produit alors un signal électrique. Ces récepteurs détectent les rayons X de façon rapide et ecace, mais leur taille limitait la résolution spatiale. Ces détecteurs ont alors été remplacés par des détecteurs d'ionisation à gaz au xénon.

28

Chapitre 2 - La tomographie à rayons X : principes physiques

Les détecteurs d'ionisation à gaz sont constitués d'une chambre à gaz pressurisée et de deux ou trois électrodes. Certains rayons X incidents sont absorbés par effet photoélectrique. Les électrons restants et les ions migrent vers l'anode et la cathode respectivement, donnant naissance à un courant électrique mesurable. La réponse de ces détecteurs est lente (environ 700 µs) mais, contrairement aux tubes photomultiplicateurs, leur taille permet une meilleure résolution spatiale.

Les tomographes modernes utilisent des scintillateurs et des photodiodes. Ces derniers convertissent les scintillations en courant électrique mesurable. Ces capteurs sont efficaces et rapides, ils présentent une bonne stabilité dans le temps, une bonne résolution spatiale. Il parait donc raisonnable de supposer les détecteurs parfaits, en première approximation.

Pour plus d'informations sur les détecteurs, le lecteur pourra se reporter à l'article de Newton et Pots (1981).

2.4   Conclusion

Nous avons ici présenté la tomographie à rayons X en mettant l'accent sur le processus d'acquisition des données et les principes physiques conduisant à la formation de l'image. Diérentes modélisations peuvent ensuite être adoptées. La plus simple adopte un point de vue déterministe et suppose que :

- les rayons X émis sont infiniment fins et monochromatiques ;
- le nombre de photons émis par la source pour un rayon est déterminé et égal à N_0 ;
- le nombre effectif de photons émergents est égal au nombre moyen de photons émergents donné par l'équation de Beer–Lambert ;
- les détecteurs sont parfaits et détectent tout photon les atteignant.

Chapitre 2 - La tomographie à rayons X : principes physiques

Une modélisation plus réaliste adopterait un point de vue statistique et supposerait que :

- les rayons X émis sont infiniment fins et polychromatiques ;
- le nombre de photons émis par la source pour un rayon est une variable aléatoire de distribution de Poisson de paramètre N_0 ;
- le processus d'atténuation est de Bernoulli. Le nombre moyen de photons émergents est donné par l'équation de Beer-Lambert. Au niveau microscopique, les rayons X sont atténués sous l'eet combiné de la diraction (eet Compton) et de l'absorption (eet photoélectrique). Ces deux phénomènes sont de nature statistique ;
- les détecteurs sont parfaits.

Le système complet de production de rayons X, d'atténuation et de détection est donc modélisé par une variable aléatoire de Poisson.

Nous allons maintenant voir les dierentes techniques de reconstruction qui ont été développées. Nous mettrons l'accent sur les hypothèses qu'elles ont adoptées et sur leurs conséquences lors de la reconstruction d'image.

RECONSTRUCTION AXIALE 2D SOUS HYPOTHÈSE
MONOCHROMATIQUE

3.1   Introduction

L'immense majorité des algorithmes de reconstruction d'images utilisés en milieu hospitalier reposent sur l'hypothèse d'un rayon X incident monochromatique. Nous avons vu en introduction que ces méthodes conduisent à des artéfacts. Nous consacrerons cependant ce chapitre à leur étude afin de mettre en évidence les simplifications qui conduisent aux erreurs de reconstruction et les difficultés méthodologiques auxquelles nous serons confrontés pour les éviter.

Connaissant le nombre de photons émis par la source, le mode de propagation des rayons X dans la matière et le nombre de photons détectés par les capteurs, la reconstruction tomographique consiste à estimer le corps scanné. Deux approches sont alors possibles :

- la première s'appuie sur une expression analytique de l'estimée du corps scanné. Cette démarche a conduit aux algorithmes mis en œuvre dans les tomographes médicaux : les algorithmes de type rétro-projection filtrée ;
- la seconde approche s'appuie sur une décomposition préalable du corps à imager sur une base finie de fonctions appropriées (une base indicatrice de pixels par exemple). L'inversion numérique a ensuite lieu pour reconstruire « au mieux » cette approximation. Cette démarche conduit aux algorithmes dits algébriques.

La majorité de ces méthodes supposent que :

- les rayons X émis sont infiniment fins et monochromatiques ;

- le nombre de photons émis par la source pour un rayon est déterminé ;
- le nombre ectif de photons émergeants est égal au nombre moyen de photons émergeants donné par l'équation de Beer−Lambert ;
- les détecteurs sont parfaits et détectent tout photon les atteignant.

Ces hypothèses seront adoptées tout au long de ce chapitre, sauf mention explicite.

3.2   Transformée de Radon

Considérons la géométrie de la Figure 3.1. Chaque rayon X fait un angle   avec l'axe des y et est à une distance r de l'origine. Sous les hypothèses précédemment énoncées, nous pouvons écrire :

$$y \ (r) = b_{total} \ (r) \times e^{- \int_{L_{S,D}}^{R} \mu (s) ds} \tag{3.1}$$

où :

- $y \ (r)$ est le nombre de photons émis dans la direction définie par   et r, et atteignant le capteur.
- $b_{total} \ (r)$ est le nombre de photons émis par la source dans la direction définie par   et r. Il dépend de la durée du scan et des dimensions de la source.
- $L_{S,D}$ est la ligne définie par la source S et le détecteur D .
- μ désigne le coecient d'atténuation linéique exprimé en cm^{-1} .

En utilisant le système de coordonnées polaires (s,), on obtient :

$$y \ (r) = b_{(r)} e^{- \int_{L_{(,r)}}^{R} \mu (r \cos \ - s \sin, r \sin \ + s \cos \ ) ds} \tag{3.2}$$

32

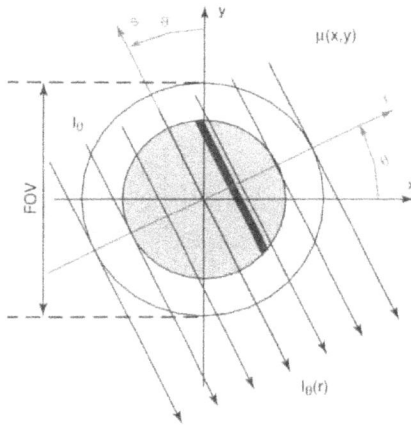

Figure 3.1 Scanner à faisceaux parallèles et systèmes de coordonnées (Suetens, 2002).

Définissons $p_\theta(r)$, projection de la fonction $\mu(x, y)$ suivant l'angle θ.

$$p_\theta(r) = -\ln\frac{y_\theta(r)}{b_{\theta(r)}}$$

$$= \int_{L_{(\theta, r)}} \mu(r\cos\theta - s\sin\theta, r\sin\theta + s\cos\theta)\,ds \qquad (3.3)$$

L'ensemble des projections $p_\theta(r)$ est appelé sinogramme. En mathématique, la transformation qui à toute fonction $f(x, y)$ associe son sinogramme est appelée transformée de Radon.

$$p(r, \theta) = R[f(x, y)]$$

$$= \int_{-\infty}^{\infty} f(r\cos\theta - s\sin\theta, r\sin\theta + s\cos\theta)\,ds \qquad (3.4)$$

La transformée de Radon possède les propriétés suivantes :

• $p(r, \theta)$ est périodique par rapport à θ, de période 2π

$$p(r, \theta) = p(r, \theta + 2\pi) \qquad (3.5)$$

• $p(r, \theta)$ est symétrique en θ, avec une période π

$$p(r, \theta) = p(-r, \theta \pm \pi) \qquad (3.6)$$

3.3 Algorithme de rétroprojection

Étant donné un sinogramme $p(r, \theta)$, l'objectif est de reconstruire la distribution $\mu(x, y)$. Une première idée, très intuitive, consiste à assigner la valeur de $p(r, \theta)$ à tous les points (x, y) d'une même ligne de projection définie par r et θ constants. L'opération est répétée pour θ variant de 0 à π. Ce procédé est appelé rétro-projection (« Back-Projection » en anglais) et est donné par :

$$b(x, y) = B[p(r,)]$$
$$= \int_0^2 p(x\cos + y\sin,)d \qquad (3.7)$$

Son principe est illustré sur la Figure 3.2. (Seules deux projections sont schématisées sur cette figure, mais un grand nombre est utilisé en pratique).

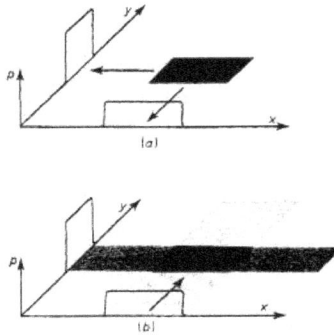

Figure 3.2 Rétro-projection. (a) On réalise deux projections d'un objet rectangulaire, (b) ces projections sont rétroprojetées et superposées pour former une approximation de l'objet original (Brooks et Chiro, 1976).

Cette technique a été utilisée pour la première fois par Oldendorf en 1961. Les résultats obtenus ne sont pas toujours satisfaisants (notamment en présence de petits objets de forte densité ou de projections non-uniformément réparties) car les parties de l'image traversées par un même rayon incident reçoivent toutes la même valeur (Figure 3.3).

Une écriture plus rigoureuse de l'inverse de la transformée de Radon permettrait certainement d'obtenir de meilleures reconstructions.

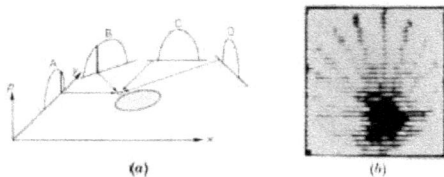

(a)   (b)

Figure 3.3 Rétro-projection. (a) On réalise quatre projections d'un objet. La cellule située à l'extérieur de l'objet apporte sa contribution aux projections A et B. L'artéfact prend souvent la forme d'une étoile comme sur la photo (b) (Brooks et Chiro, 1976)

3.4 Approches analytiques

Les approches analytiques reposent sur l'inversion de la transformée de Radon. Nous présenterons ces méthodes de façon qualitative, notre objectif étant d'avoir une vue d'ensemble des méthodes de reconstruction existantes. On pourra se reporter à l'article de Brooks et Chiro (1976) et à la thèse de Allain (2002) pour les développements mathématiques.

3.4.1 Reconstruction de Fourier

Nous savons que $p(r,) = R [f(x, y)]$. Radon a montré en 1917 que la transformée de Radon avait une inverse explicite. La reconstruction de Fourier utilise alors l'expression mathématique de $R^{-1} [p(r,)]$.

Théorème 1 (Tranche centrale de Fourier) Soit $F(u, v)$, la transformée de Fourier 2D de $f(x, y)$ et $P(k)$ la transformée de Fourier 1D de $p(r)$. Par définition :

$$F(u,v) = \int_{-\infty}^{\infty}\int_{-\infty}^{\infty} f(x,y)e^{-2i(ux+vy)}\,dxdy \qquad (3.8)$$

$$P(k) = \int_{-\infty}^{\infty} p(r)e^{-2i(kr)}\,dr \qquad (3.9)$$

Si   est variable, alors P (k) devient une fonction à deux variables P (k,) et P (k,) = F (k cos, k sin).

En utilisant le résultat du théorème de la tranche centrale de Fourier, un changement de variable et la transformée de Fourier invers, il est possible de calculer f (x, y) pour chaque point (x, y) à partir des projections p (r), pour   variant entre 0 et .

Le principe de la reconstruction de Fourier est le suivant :

1. On calcule tout d'abord la transformée de Fourier 1D de toutes les projections discrètes p (r), pour   variant de 0 à 2 .

$$F_1[p(r)] = P(k) \qquad (3.10)$$

   D'après le théorème de la tranche centrale de Fourier, P (k,) = F (k cos, k sin). On obtient donc un ensemble de valeurs qui échantillonnent radialement la domaine de Fourier.

2. Le changement de variable :

$$\begin{aligned} u &= k\cos \\ v &= k\sin \end{aligned} \qquad (3.11)$$

   permet d'obtenir F (u, v) (Figure 3.4).

   Une interpolation est ici nécessaire pour des questions algorithmiques, cette

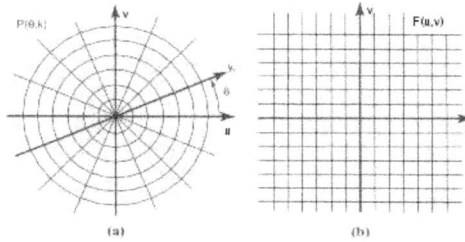

Figure 3.4 (a) Les valeurs de P (k,) sont placées sur une grille en coordonnées polaires (b) puis passées en coordonnées cartésiennes pour donner F (u, v) (Suetens, 2002)

méthode utilise en eet l'algorithme FFT de calcul de transformée de Fourier rapide. L'interpolation consiste à ramener l'ensemble des points fréquentiels P (k,) répartis radialement à un ensemble de valeurs F (u, v) sur une grille cartésienne. Remarquons que les données sur les basses fréquences sont plus nombreuses que celles sur les hautes fréquences. Le choix de la méthode d'interpolation aectera donc plus particulièrement les hautes fréquences de l'image.

3. On calcule enfin la transformée de Fourier inverse 2D de F (u, v).

$$F_2^{-1} [F (u, v)] = f (x, y) \qquad (3.12)$$

L'intérêt majeur de cet algorithme est son faible coût de mise en œuvre. Il n'est cependant pas utilisé en pratique car, même dans un contexte normalement favorable, il se révèle particulièrement instable. Cette instabilité est causée par l'étape d'interpolation. L'algorithme de rétro-projection filtrée présenté ci-dessous permet d'éviter cet inconvénient majeur.

3.4.2 Algorithme de rétro-projection filtrée

L'écriture polaire de l'inverse de la transformée de Fourier 2D évite l'interpolation dans le domaine fréquentiel :

$$f(x,y) = F_2^{-1}[F(u,v)]$$
$$= \int_{-\infty}^{\infty}\int_{-\infty}^{\infty} F(u,v)e^{2i\pi(ux+vy)}\,du\,dv \qquad (3.13)$$

Passons en coordonnées polaires en posant :

$$u = k\cos\theta$$
$$v = k\sin\theta \qquad (3.14)$$

Le Jacobien de ce changement de variable est égal à :

$$\begin{vmatrix} \cos\theta & -k\sin\theta \\ \sin\theta & k\cos\theta \end{vmatrix} = k \qquad (3.15)$$

L'équation 3.13 devient alors :

$$f(x,y) = \int_0^{2\pi}\int_0^{\infty} kF(k\cos\theta, k\sin\theta)e^{i2\pi kr}\,dk\,d\theta \;,\; \text{avec } r = x\cos\theta + y\sin\theta \qquad (3.16)$$

Le théorème de la tranche centrale de Fourier permet d'écrire :

$$f(x,y) = \int_0^{2\pi}\int_0^{\infty} kP(k,\theta)e^{i2\pi r}\,dk\,d\theta$$
$$= \int_0^{\pi}\int_{-\infty}^{\infty} |k|\,P(k,\theta)e^{i2\pi kr}\,dk\,d\theta$$
$$= \int_0^{\pi}\int_{-\infty}^{\infty} \tilde{P}(k,\theta)e^{i2\pi kr}\,dk\,d\theta$$
$$= \int_0^{\pi} \tilde{p}(r,\theta)\,d\theta \qquad (3.17)$$

39

Par définition :

$$p^-(r,) = \int_{-\infty}^{\infty} P^-(k,)e^{i2kr} d \qquad (3.18)$$

et

$$P^-(k,) = P(k,)|k| \qquad (3.19)$$

La fonction $f(x, y)$ peut donc être reconstruite en rétro-projetant $p^-(r,)$, l'inverse de la transformée de Fourier 1D de $P^-(k,)$ par rapport à k. La fonction $P^-(k,)$ est obtenue en multipliant $P(k,)$ par le filtre rampe $|k|$, d'où le nom de rétro-projection filtrée. Une multiplication dans le domaine de Fourier correspond à un produit de convolution dans le domaine spatial. $p^-(r,)$ peut donc s'écrire :

$$p^-(r,) = p - q \qquad (3.20)$$

$$= \int_{-\infty}^{\infty} p(r^-,)q(r - r^-)dr^- \qquad (3.21)$$

avec

$$q(r) = F^{-1}[|k|]$$

$$= \int_{-\infty}^{\infty} |k|e^{i2kr} dk \qquad (3.22)$$

Cela conduit à l'algorithme suivant :

1. Filtrer le sinogramme $p(r,)$, - :

$$p^-(r) = q(r) - p(r) \text{ où } P^-(k) = |k| P(k) \qquad (3.23)$$

2. Rétro-projeter le sinogramme filtré $p^-(r,)$

$$f(x, y) = \int_{0}^{} p^-(x \cos + y \sin,)d \qquad (3.24)$$

Les tomographes implantés en milieu hospitalier utilisent presque tous la rétro-projection filtrée. Les artéfacts sont encore trop importants (Figure 3.5).

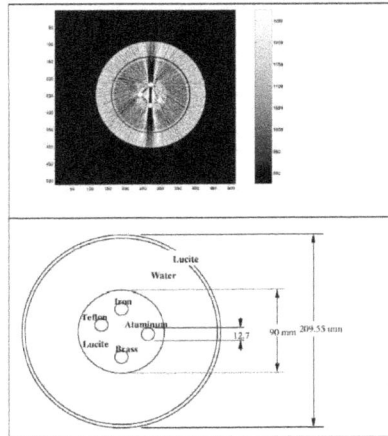

Figure 3.5 Un exemple d'artéfact métallique sur une image tomographique, reconstruction par rétro-projection filtrée à partir de données obtenues sur un scanner Siemens Somatom Plus 4 (Williamson et al, 2002)

La présence de ces artéfacts peut s'expliquer par les erreurs induites par les approximations analytiques. Ces méthodes supposent en effet que la fonction inverse recherchée est continue et définie sur l'ensemble des nombres réels. Or la taille des détecteurs est en réalité finie et le corps à imager est discrétisé. De plus, le filtre continu |k| permettant de traiter le sinogramme est de nature divergente. Il ne peut donc pas être utilisé en pratique et doit être approximé. Pour des projections discrètes séparées de Δr, la transformée de Fourier ne peut contenir des fréquences supérieures à $K_{max} = 1/(2\Delta r)$. Le filtre |k| peut donc être limité à ces fréquences (Figure 3.6). Ce filtre est appelé filtre Ram-Lak, du nom de ses inventeurs Ramachandran et Lakshiminarayanan. Il peut s'écrire comme la différence entre un filtre rectangle et un filtre triangle. En pratique, on constate que les fréquences proches de K_{max} sont très bruitées. L'application d'un filtre de Hanning, de SheppLogan ou de Butterworth permet de supprimer les hautes fréquences spatiales et de réduire les artéfacts.

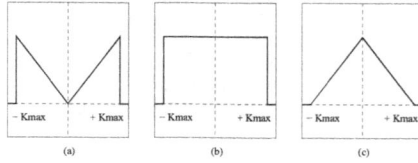

Figure 3.6 (a) Filtre Ram-Lak (b) filtre rectangle (c) filtre triangle (Suetens, 2002)

Cette diérence entre le modèle mathématique et la réalité entraîne des artéfacts. Ils sont généralement relativement faibles mais ils peuvent devenir très importants lorsque les conditions sont défavorables, notamment en présence d'objets très atténuants, comme les pièces métalliques, lorsque les projections ne sont pas uniformément réparties ou qu'un détecteur est défectueux.

Nous allons maintenant voir une alternative aux approches analytiques : les algorithmes dits algébriques qui tiennent directement compte de la nature discrète du problème. Le nombre de projections est fini et l'objet scanné est caractérisé par une distribution µ des coecients d'atténuation linéiques. Cette distribution est décomposée sur une base finie de fonctions appropriées (typiquement une base d'indicatrices de pixels). Nous recherchons alors le vecteur µ donnant les coecients d'atténuation μ_j en chaque pixel j du corps scanné. L'inversion numérique a lieu pour reconstruire « au mieux » cette approximation.

3.5 Approches algébriques

3.5.1 Discrétisation de la scène : notations et définitions

Dans ce qui suit, les lettres italiques grasses sont des vecteurs dont les composantes seront indiquées en italique, p. ex. : $v = (v_1, \ldots, v_n)$. Les scalaires sont notés par des minuscules italiques, p. ex. : s. Les matrices seront notées en majuscules grasses : A.

Soient J « images de base » $\{B_1, \ldots, B_J\}$. On suppose que toute image I à reconstruire est une combinaison linéaire de ces « images de base ». Nous avons ici choisi une décomposition de l'image en pixels. Chaque pixel est indexé par un indice j variant de 1 à L^2. On a ici $J = L^2$. Les « images de base » s'écrivent :

$$B_j(x, y) = \begin{cases} 1 & \text{si } (x, y) \text{ est sur le pixel } j \\ 0 & \text{sinon} \end{cases}$$

En coordonnées cartésiennes, l'image estimée s'écrit alors :

$$I(x, y) = \sum_{j=1}^{J} \mu_j B_j(x, y) \qquad (3.25)$$

où μ_j est la valeur du coecient d'atténuation du pixel j. Ainsi, l'image à estimer sera représentée par une matrice de taille $L \times L$.

$$I = \begin{pmatrix} \mu_1 & \mu_{L+1} & \cdots & \mu_{L(L-1)+1} \\ \mu_2 & \mu_{L+2} & \cdots & \mu_{L(L-1)+2} \\ \vdots & \vdots & \ddots & \vdots \\ \mu_L & \mu_{2L} & \cdots & \mu_{L^2} \end{pmatrix}$$

Afin de simplifier les équations formelles, l'image I sera par la suite écrite sous la forme d'un vecteur μ :

$$\mu = \begin{matrix} \mu_1 \\ \vdots \\ \mu_{L^2} \end{matrix} \qquad (3.26)$$

Il est possible de choisir d'autres fonctions pour la discrétisation de la scène. Hanson et W echsung (1985) puis Lewitt (1992) ont notamment étudié l'influence de ce choix sur la reconstruction.

Décrivons maintenant la projection des rayons X sous forme discrète. Soit N le nombre total de rayons X émis. En supposant le faisceau de rayons X infiniment fin, l'atténuation subie par le rayon i avec i = 1,...,N , est décrite par :

$$y_i = b_i e^{-\sum_m \mu_m x_m} + r_i \qquad (3.27)$$

où :

- y_i est le nombre de photons reçus par le capteur i et ayant été émis dans la direction i. La diraction du rayon causée par l'eet Compton n'est ici pas prise en compte ;
- b_i est le nombre de photons émis dans la direction i ;
- x_m est la distance parcourue par le rayon X dans le pixel m ;
- μ_m est le coecient d'atténuation du pixel m ;
- r_i est le nombre de photons–bruit captés dans la direction i.

Formons la matrice A = (a_{ij}), de taille N × L^2, où a_{ij} est la distance parcourue par le rayon X de la projection i dans le pixel j de l'objet étudié. Pour chaque rayon i, on peut écrire :

$$[A \mu]_i = \sum_m \mu_m x_m \qquad (3.28)$$

où $[A \mu]_i$ représente le $i^{ème}$ élément du produit A μ .

Remarque : La largeur du faisceau incident est ici négligée. Elle peut être prise en compte en prenant a_{ij} égal à la surface de recouvrement entre le faisceau i et le pixel j. Les pixels peuvent aussi être choisis « circulaires » (Figure 3.7).

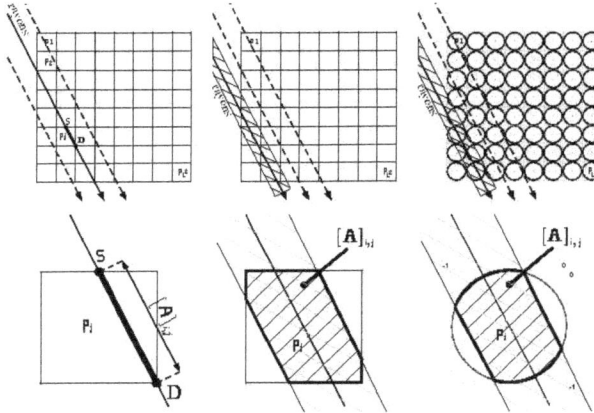

Figure 3.7 Calcul des éléments de A dans le cas d'un faisceau sans épaisseur avec des pixels « carrés » (à gauche), dans le cas d'un faisceau plus large (au centre), dans le cas d'un faisceau large avec des pixels « circulaires » (à droite) (Allain, 2002)

On obtient alors :

$$y = b. \times e^{-[A\mu]} \qquad (3.29)$$

où $e^{-[A\mu]}$ est un vecteur dont les composantes sont égales à l'exponentielle des composantes du produit A μ et où $\times$ désigne le produit terme à terme de deux vecteurs. L'équation 3.29 s'écrit aussi :

$$\ln \frac{b}{y} = A\mu \qquad (3.30)$$

où $\frac{b}{y}$ est un vecteur de même dimension que b égal à la division terme à terme du vecteur b par le vecteur y . ln $\frac{b}{y}$ signifie qu'on calcule le logarithme de chacun des termes du vecteur $\frac{b}{y}$. En posant x = ln $\frac{b}{y}$, on obtient :

$$x = A\,\mu \qquad\qquad (3.31)$$

Etant donné le vecteur x , il faut estimer le vecteur μ . Deux approches différentes ont été développées : les approches déterministes et les approches statistiques.

3.5.2 Approches déterministes

3.5.2.1 Inversion au sens des moindres carrés et inverse généralisé

Le problème consistant à trouver μ tel que x = A μ n'a pas toujours de solution (notamment lorsque A n'est pas inversible ou que x n'appartient pas à l'espace-image de A). Seule une solution approchée peut alors être déterminée. La méthode des moindres carrés choisit de chercher une solution μ appartenant à l'ensemble S défini par :

$$S = \{\mu - \mathbb{R}^{L^2} : \min \|x - A\,\mu\|^2 \}$$

Pour les problèmes en dimension finie, comme c'est ici notre cas, S n'est jamais vide. $\|x - A\,\mu\|^2$ est une forme quadratique. On montre alors que les éléments de S correspondent aux solutions de l'équation :

$$A^T x - A^T A\,\mu = 0 \qquad\qquad (3.32)$$

Si K er (A) n'est pas trivial, $A^T A - \mathbb{R}^{L^2 \times L^2}$ n'est pas de rang plein et il n'y a pas unicité de la solution. On montre cependant l'existence et l'unicité d'une solution dans S de norme minimale $\mu^\dagger$ définie par

$$\mu^\dagger = \underset{\mu\, S}{\arg\min}\ \|\mu\|^2$$

La solution $\mu^\dagger$ est appelée inverse généralisé. Réaliser une inversion au sens des moindres carrés consiste donc à chercher l'ensemble des μ qui minimise $\|x - A\mu\|^2$ et à choisir celui qui a la plus petite norme.

En pratique, il semble qu'aucune approche cherchant explicitement à calculer $\mu^\dagger$ n'ait été retenue pour être implantée dans les tomographes médicaux. Cette présentation de l'inverse généralisée $\mu^\dagger$ reste cependant fondamentale pour analyser le comportement des méthodes algébriques usuelles que nous décrivons dans le paragraphe suivant. Enfin, on notera que les résultats exposés ci-dessus s'étendent sans aucune diculté aux solutions de l'ensemble des moindres carrés pondérés défini par :

$$S_W = \{\mu\quad \mathbb{R}^{L^2} : \min W^{1/2}(x - A\mu)\} \qquad (3.33)$$

où $W^{1/2}$ est la racine carrée d'une matrice W définie non négative, c'est-à-dire la seule matrice de $\mathbb{R}^{M\times M}$ telle que $W = W^{1/2}W^{1/2}$ (Golub et Loan, 1996).

3.5.2.2 Méthodes de minimisation usuelles

Lorsqu'on adopte un point de vue déterministe, les méthodes de minimisation standards utilisées en imagerie médicale sont de type POCS (Projection Onto Convexe Sets). On présente ici les plus connus de ces algorithmes appliqués au système d'équations linéaires, d'inconnue μ :

$$x - A\mu = 0, A\quad \mathbb{M}^{M\times N} \qquad (3.34)$$

Chapitre 3 - Reconstruction axiale 2D sous hypothèse monochromatique

- L'algorithme B I C A V (Block Iterative Component AVeraging) a été mis au point par Censor et al. (2001). De nombreux algorithmes algébriques se déduisent de sa formulation. Considérons J ensembles ordonnés d'indices B_j tels que :

$$1 \leq j \leq J, \; B_j - \{1,\ldots,M\} \qquad (3.35)$$

Chaque ensemble B_j compte M_j éléments. Les B_j sont choisis de façon à ce que chaque indice $\{1,\ldots,M\}$ apparaisse au moins une fois dans $B = -_j B_j$. On pose $A_j^T = (a_j^1 | \ldots | a_j^{M_j})$, la matrice $N \times M_j$ constitué par les colonnes de A^T dont les indices dans B_j. Si μ_k désigne la $k^{\text{ème}}$ itération d'un algorithme initialisé par μ_0, l'algorithme procède alors à la mise à jour complète des inconnues en utilisant de manière cyclique des J « blocs » de données (Censor et al., 2001).

$$k - \mathbb{N}, \quad \mu_{(k;0)} = \mu_{(k-1)},$$
$$1 \leq j \leq J, \quad \mu_{(k;j)} = \mu_{(k;j-1)} + {}_k M_j^T W_j^{-1} (x_j - A_j \mu_{(k;j-1)}); \qquad (3.36)$$

L'itération complète $k - k+1$ est obtenue après les J dernières mises à jour :

$$\mu_{(k+1)} = \mu_{(k;M)} \qquad (3.37)$$

Dans la relation (3.36), $_k > 0$ est le paramètre de relaxation, $x_i - \mathbb{R}^{M_j}$ est le vecteur colonne composé des éléments de x indicés par B_j, et $W_j - \mathbb{R}^{M_j \times M_j}$ est une matrice diagonale positive telle que :

$$W_j = \text{diag } S^{1/2} a_m^1 {}^{-2}, \ldots, S^{1/2} a_m^{M_j} {}^{-2}; \qquad (3.38)$$

$S^{1/2}$ est la racine carrée de matrice diagonale S dont l'élément s_n, $1 \leq n \leq N$, représente le nombre d'éléments non nuls dans la ligne n de A_j^T.

- L'algorithme A R T (Algebraic Reconstruction Technique) a été le premier algorithme de reconstruction tomographique mis en œuvre. Dans sa formulation initiale introduite par Gordon et al. (1970), cet algorithme se déduit de la formulation BICAV en posant $S = I$ et en considérant autant de blocs que de mesures ($J = M$). Dans ce cas, $B_j = j$ et on écrit pour $1 \leq m \leq M$:

$$\mu_{(k,m)} = \mu_{(k,m-1)} + {}_k \frac{a}{a_m^2} \, x_m - < a_m, \mu_{(k,m)} >$$ (3.39)

où a_m est la $m^{\text{ième}}$ colonne de A^T.

- L'algorithme CAV (Component AVeraging) correspond à l'algorithme BICAV lorsque celui-ci n'utilise qu'un seul bloc ($J = 1$) (Censor et al., 2001). Dans ce cas, la remise à jour des inconnues devient simultanée et s'écrit :

$$\mu_k = \mu_{k-1} + {}_k A^T W^{-1} (x - A \mu_{k-1})$$ (3.40)

Il est aisé de vérifier que cette itération correspond à l'algorithme du gradient à pas ${}_k$ appliqué au critère $J(x) = \frac{1}{2} W^{-1/2} (x - A\mu)^{-2}$, où $A^{-1/2}$ est la racine carrée de la matrice (diagonale) W^{-1} ; cet algorithme calcule donc une solution de type moindre carrés pondérés.

- L'algorithme SIRT a été introduit par Gilbert (1972). Il utilise l'algorithme CAV avec $W = \text{diag}\{a_1, \ldots, a_N\}$ avec a_n l'aire de l'ensemble des pixels impliqués dans tous les rayons contenant le pixel n. Les itérés de cet algorithme sont donc ceux d'un algorithme du gradient appliqué à un critère des moindres carrés pondérés.

S'il existe μ satisfaisant (3.34), les algorithmes BICAV, ART, CAV et SIRT convergent vers la solution de norme minimale $\mu^\dagger$ si l'initialisation est telle que μ_0 appartienne à l'espace vectoriel orthogonal au noyau de A, condition vérifiée par les images uniformes souvent utilisées en pratique comme point initial (Censor et al., 2001; Herman, 1980).

S'il n'existe pas un μ satisfaisant (3.34), le problème est plus délicat. On constate que l'algorithme ART a un comportement asymptotique cyclique autour de la solution de norme minimale $\mu^\dagger$ (Censor et al., 2001). Les propriétés de convergence des algorithmes BICAV restent encore peu étudiées dans ce cas. Les algorithmes SIRT et CAV ne présentent pas de comportement asymptotique cyclique, mais leur convergence vers la solution de norme minimale peut être très lente.

Les propriétés de convergence de ces algorithmes ne sont donc pas optimales. Qu'en est-il de la qualité des reconstruction produites par ces algorithmes ? Un premier élément de réponse est apporté par l'étude de la robustesse de la solution $\mu^\dagger$, indépendante de l'algorithme utilisé. Il est bien établi que la stabilité de cette solution dépend du nombre de condition de A défini par :

$$\mathrm{Cond}(A) = \|A\| \|A^\dagger\| \tag{3.41}$$

où $A^\dagger$ est défini par $\mu^\dagger = A^\dagger x$, c'est l'inverse généralisée de A. $\|A\|$ est une norme matricielle induite par une norme, par exemple la norme euclidienne. Dans ce cas, on a :

$$\mathrm{Cond}(A) = \frac{\sigma_{max}}{\sigma_{min}} \geq 1$$

avec σ_{max} et σ_{min}, respectivement la plus petite et la plus grande des valeurs singulières de A. Pour la reconstruction tomographique, $\mathrm{Cond}(A) \gg 1$. Le problème inverse numérique est mal conditionné et la robustesse de $\mu^\dagger$ est mauvaise. L'image reconstruite est bruitée. La qualité des images fournies par ces algorithmes est en pratique à peu près comparable à celle des images obtenues par l'algorithme de rétro-projection filtrée. Compte tenu de leur coût d'implantation plus élevé, ces algorithmes algébriques ne sont pas utilisés dans les tomographes commerciaux.

Il est cependant possible d'obtenir des reconstructions de meilleure qualité en améliorant le conditionnement du problème. Plusieurs équipes y ont travaillé. Citons par exemple Bouman et Sauer (1993) ; Green (1990) ; Herman et Lent (1976) ; Allain (2002) et présentons leur démarche.

3.5.2.3 Fonction de pénalisation

Afin d'améliorer le conditionnement du problème, une information a priori sur la solution peut être ajoutée.

Cela peut être principalement réalisé de deux façons :

- en réduisant l'espace des solutions : c'est la méthode utilisée par P. Hansen (Hansen, 1990 ; Hansen et al., 2000) pour la TSVD (Décomposition en Valeurs Singulières Tronquée). Le temps de calcul nécessaire est très important et les hautes fréquences spatiales de l'image ne peuvent pas être restituées. Cette méthode paraît donc peu adaptée à la reconstruction tomographique qui doit être précise et rapide.
- en minimisant un certain objectif (régularisation de Tikhonov généralisée). L'information a priori est ajoutée directement dans le critère à minimiser, qui devient :

$$C(\mu) = \| x - A\mu \|^2 + R(\mu) \qquad (3.42)$$

où   est un scalaire permettant de fixer l'importance relative entre les mesures et la connaissance a priori sur μ. Plus   est grand, moins l'image sera bruitée, mais plus la solution dépendra de l'information a priori. Ce paramètre sera ajusté de façon à réaliser un bon compromis. Si la fonction $R(\mu)$ est quadratique, la solution sera formellement simple et la mise en œuvre rapide. Cependant, les solutions obtenues ont un comportement comparable à celles obtenues par contrôle de dimension : la réduction du bruit se fait au prix du lissage des contours. Les articles de Hunt (1973) et de Herman et Lent (1976) présentent cette méthode. Des fonctions non quadratiques peuvent être utilisées, moyennant une mise en œuvre plus délicate : Geman et Geman (1984a), Green (1990), Bouman et Sauer (1993), Charbonnier (1994).

On en distingue essentiellement trois familles (Idier, 2000), représentées sur la Figure 3.8 :

- L_2L_1 : fonctions non constantes, paires, C^1 et C^2 en 0, convexes, continûment diérentiables, de comportement quadratique à l'origine et asymptotiquement linéaires.

- L_2L_0 : fonctions non constantes, paires, C^2 en 0, croissantes sur $\mathbb{R}^+$, de comportement quadratique à l'origine et tendant vers une constante à l'infini. Elles ne sont pas convexes.

- L_p : $R(u) = |u|^p$ avec $1 \leq p < 2$. Cette fonction n'est pas C^2 en 0 et non diérentiable pour $p = 1$.

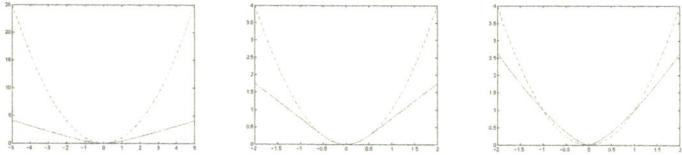

Figure 3.8 Allure des diérentes fonctions de pénalisation (trait plein) comparées à la fonction quadratique (pointillés) – (a) branche d'hyperbole pour $= 1$, (b) fonction de Huber pour $T = 0.5$, (c) pénalisation L^p pour $p = 1.4$

Les fonctions L_2L_0 permettent d'obtenir des frontières franches mais elles sont non convexes. Cela complique la minimisation du critère : le coût des calculs pour éviter les minima locaux peuvent être importants. Les fonctions L_p permettent d'obtenir des résultats qualitativement proches des ceux obtenus avec les fonctions L_2L_1. Les fonctions de régularisation L_2L_1 réalisent un bon compromis entre le coût de calcul et la préservation des frontières. Voici celles qui sont le plus souvent citées dans la littérature :

1. la branche d'hyperbole (Charbonnier et al., 1997) :

$$R(u) = \sqrt{\ ^2 + u^2} - \quad , \quad > 0 \tag{3.43}$$

2. la fonction de Huber (Hubert, 1981) :

$$R(u) = u^2 \qquad 0 < |u| < T$$
$$R(u) = 2T |u| - T^2 \qquad |u| > T \tag{3.44}$$

Allain (2002) a utilisé les fonctions de régularisation $L_2 L_1$ en reconstruction tomographique. Les résultats obtenus sont de meilleure qualité que ceux obtenus par l'algorithme de rétro-projection filtrée. Cette m éthode pourrait cependant être améliorée.

Puisque l'approche déterministe ne permet pas de réaliser un compromis acceptable entre la qualité de la reconstruction et le coût de mise en œuvre, nous nous sommes intéressés à une autre façon de décrire les phénomènes physiques : l'approche statistique, moyen commode et cohérent de décrire une situation d'information incomplète.

3.5.3 Approche statistique

Nous supposerons ici que :

- les rayons X émis sont infiniment fins et monochromatiques ;
- le nombre de photons émis par la source pour un rayon i est une variable aléatoire de distribution de Poisson de paramètre b_i ;
- le processus d'atténuation est de Bernoulli. Le nombre moyen de photons émergeants est donné par l'équation de Beer-Lambert ;
- les détecteurs sont parfaits.

Chapitre 3 - Reconstruction axiale 2D sous hypothèse monochromatique

Le système complet de production de rayons X, d'atténuation et de détection sera donc modélisé par une variable aléatoire de Poisson de paramètre λ_i défini par :

$$\lambda_i = b_i e^{-[A\mu]_i} + r_i \qquad (3.45)$$

r_i correspond au nombre de photons-bruit. L'objet recherché (décrit par la matrice μ des coecients d'atténuation) doit maximiser la probabilité d'obtenir les projections mesurées. L'objectif est alors de trouver la matrice μ telle que les fonctions de vraisemblance FV ( ) soient maximales. Sous les hypothèses formulées ci-dessus, la fonction de vraisemblance FV ( ) est définie par :

$$FV() = \prod_{i=1}^{N} Prob(X = y_i)$$

$$= \prod_{i=1}^{N} e^{-\lambda_i} \frac{\lambda_i^{y_i}}{y_i!}$$

Cela revient à maximiser la fonction L() = ln(FV ()).

$$L() = \sum_{i=1}^{N} \ln \left(e^{-\lambda_i} \frac{\lambda_i^{y_{id}}}{y_{id}!} \right)$$

$$= \sum_{i=1}^{N} (y_{id}\ln(\lambda_i) - \lambda_i - \ln(y_{id}!))$$

En remplaçant λ_i par son expression (3.45), on obtient :

$$L(\mu) = \sum_{i=1}^{N} y_{id}\ln\left(b_i e^{-[A\mu]_i} + r_i \right) - b_i e^{-[A\mu]_i} + r_i - \ln(\lambda_i!) \qquad (3.46)$$

Nous recherchons alors μ qui maximise la fonction L (ou qui minimise la fonction − L). Afin d'améliorer la qualité de l'image, il est possible d'ajouter de l'information

54

a priori, comme nous l'avions fait dans l'approche déterministe. Nous introduisons alors un terme de pénalisation R (μ).

Nous recherchons μ qui minimise la fonction C (μ) définie par :

$$C (\mu) = - L (\mu) + R \quad (\mu) \tag{3.47}$$

où est le coecient de régularisation. Sous les hypothèses citées précédemment, Lange et Carson (1984) a montré que $- L (\mu)$ est convexe. Si de plus R (μ) est convexe, C (μ) sera convexe et possèdera un minimum unique.

3.5.4 Techniques de minimisation

Pour déterminer le minimum de la fonction C (μ), plusieurs algorithmes peuvent être utilisés. Soulignons simplement leur diversité et de la diculté du choix d'une méthode. L'ecacité d'un algorithme n'est en eet pas intrinsèque, mais dépend en grande partie du problème auquel il s'applique.

Les méthodes d'inversion directes calculent le minimum à partir de son expression. Mais une telle formulation n'est pas toujours disponible. Une démarche itérative permettrait de contourner cette diculté. L'algorithme itératif idéal possède les caractéristiques suivantes :

- il converge de façon monotone (C (μ_k) décroît à chaque itération),
- il est peu sensible aux erreurs numériques,
- il réalise un bon compromis entre le nombre d'itérations nécessaires à la convergence et le temps de calcul par itérations.

L'algorithme de minimisation proposé par Lange et Carson (1984) est le plus largement utilisé, pour une description statistique sous hypothèse monochromatique. Elle permet de maximiser la fonction L (μ) (i.e. de minimiser $- L (\mu)$). Donnons ici les grandes lignes de la méthode.

En supposant que $r_i = 0$ pour $i = 1 \ldots N$, la fonction de vraisemblance logarithmique peut s'écrire :

$$L = \sum_i (y_i \ln t_i - t_i - \ln(y_i!)), \text{ avec } t_i = b_i e^{\sum_j l_{ij} \mu_j} \qquad (3.48)$$

L possède un $maximum$ unique.

Un algorithme itératif de la forme $\mu_j^{(k+1)} = \mu_j^{(k)} + \Delta \mu_j^{(k)}$, avec $\Delta \mu_j$ de même signe que $\frac{\partial L}{\partial \mu_j}$, $|\Delta \mu_j|$ susamment petit et $|\Delta \mu_j| > 0$ si $\frac{\partial L}{\partial \mu_j} > 0$, accroît L à chaque itération. Estimons le nouveau pas $\Delta \mu_j$ au voisinage du $maximum$ μ_0. En utilisant un développement de Taylor du second ordre et en posant $\mu + \Delta \mu = \mu_0$, on obtient :

$$\frac{\partial L}{\partial \mu_j} (\mu + \Delta \mu) = \frac{\partial L}{\partial \mu_j} (\mu) + \sum_l \frac{\partial^2 L}{\partial \mu_j \partial \mu_l} \Delta \mu_l, j \qquad (3.49)$$

Or :

$$\frac{\partial L}{\partial \mu_j} (\mu + \Delta \mu) = 0 \qquad (3.50)$$

$\Delta \mu$ doit donc vérifier :

$$\sum_j \frac{\partial L}{\partial \mu_j} (\mu) + \sum_l \frac{\partial^2 L}{\partial \mu_j \partial \mu_l} \Delta \mu_j = 0 \qquad (3.51)$$

D'où :

$$\mu_j^{(k+1)} = \mu_j^{(k)} - \frac{\frac{\partial L}{\partial \mu_j} (\mu)}{\sum_l \frac{\partial^2 L}{\partial \mu_j \partial \mu_l}} \qquad (3.52)$$

Cet algorithme peut être adapté sans diculté à la fonction $C(\mu)$. Il convergera vers le $maximum$ unique si $R(\mu)$ est concave. Sinon, la convergence se fera vers un $minimum$ local. La convergence peut être accélérée en introduisant un paramètre de relaxation > 0, tel que :

$$\mu_j^{(k+1)} = \mu_j^{(k)} + \Delta \mu_j^{(k)} \qquad (3.53)$$

Cet algorithme a été utilisé en imagerie médicale par Ma n et al. (1998). Elle semble réaliser un bon compromis entre qualité de la reconstruction et vitesse de calcul. Les artéfacts métalliques sont cependant toujours présents.

3.6   Conclusion sur les diérentes approches

Rappelons ici très brièvement les caractéristiques des diérentes méthodes étudiées. Les approches analytiques présentent l'avantage d'une mise en œuvre rapide, mais la qualité des résultats n'est pas toujours acceptable. Les approches algébriques, elles, adoptent une modélisation du problème direct plus fidèle à la réalité (la nature discrète du problème et le bruit de mesure sont notamment pris en compte), ce qui permet de réduire les artéfacts au prix d'une mise en œuvre plus complexe. Que l'approche choisie soit déterministe ou statistique, le mauvais conditionnement du problème impose une régularisation du critère à minimiser. Une information a priori est alors ajoutée à l'image pour stabiliser la solution. Diérentes techniques de minimisation ont ensuite été développées pour déterminer une solution acceptable du problème. Même si les résultats obtenus sont de meilleure qualité, aucune des méthodes présentées n'est exempte d'artéfacts. Une remise en question des hypothèses adoptées doit alors être faite. Quelles sont les causes des artéfacts observés avec les méthodes de reconstruction que nous venons d'étudier ?

En guise de bilan sur les méthodes de reconstruction reposant sur l'hypothèse monochromatique des rayons X et de point de départ pour l'élaboration d'une nouvelle méthode de reconstruction, nous décrirons ici les diérents artéfacts qui détériorent les images reconstruites sous hypothèse monochromatique.

3.7 Artéfacts

Divers artéfacts peuvent dégrader la qualité de l'image. Il peuvent avoir deux causes : des limites techniques, indépendantes de la méthode de reconstruction adoptée, et/ou des hypothèses de reconstruction qui ne reflètent plus la réalité physique.

3.7.1 Artéfacts dus aux limites techniques

Ces artéfacts peuvent être causés par :

• une petite diérence de sensibilité pour les détecteurs (surtout pour la troisième génération de scanners). Elle peut produire des artéfacts en forme d'anneau, ce qui rend indispensable une fréquente calibration des détecteurs. La Figure 3.9 présente ces artéfacts pour un fantôme uniformément dense.

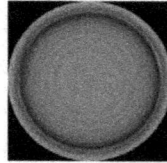

Figure 3.9 Artéfacts en anneau pour un fantôme uniformément dense (Barrett et Keat, 2003)

• les mouvements du patient. Le corps en mouvement occupe diérents voxels (volumes élémentaires du corps scanné) au cours de l'acquisition et engendre des artéfacts en forme de stries, comme sur la Figure 3.10 qui présente le scan d'un crâne.

• l'e et de volume partiel. L'intensité de chaque pixel de l'image reconstruite est

58

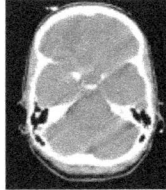

Figure 3.10 Artéfacts de mouvement (Barrett et Keat, 2003)

proportionnelle au coecient d'atténuation μ moyen du voxel correspondant. Si le voxel ne contient qu'un seul type de tissu, μ est représentatif de ce tissu. Par contre, si le voxel contient un mélange de tissus (par exemple os et tissu mou), μ n'est représentatif d'aucun des deux types de tissu mais correspond à une valeur moyenne pondérée des deux valeurs de μ. L'eet de volume partiel est plus important pour des structures qui sont presque parallèles à la coupe et peut conduire à des erreurs de diagnostic quand on ne s'attend pas à la présence de structures anatomiques adjacentes. Il peut-être réduit en considérant des épaisseurs de coupe plus fines (Figure 3.11).

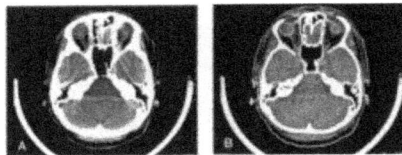

Figure 3.11 Artéfacts de de volume partiel : à gauche, une tranche épaisse ; à droite, une tranche fine (Barrett et Keat, 2003)

D'autre part, la divergence du faisceau de rayons X peut conduire à des petites diérences dans les projections mesurées dans diérentes directions et donc à des artéfacts dus au volume partiel. Ces incohérences peuvent être compensées par la combinaison des données mesurées dans des directions opposées, ce qui explique l'utilisation d'une rotation de 360 .

Ces artéfacts peuvent dicilement être supprimés par un traitement informatique. Par contre, ceux causés par les approximations adoptées pour la reconstruction pourraient être éliminés.

3.7.2 Artéfacts dus aux hypothèses de reconstruction

On distingue :

- Les ets du durcissement du faisceau. Comme dans toute imagerie à rayons X, les faisceaux utilisés en tomographie sont polyénergétiques, avec les énergies allant de 25 à 125 keV. Lors de leur propagation à travers les tissus, les photons de faible énergie sont plus fortement atténués et l'énergie moyenne du faisceau augmente. Ce « durcissement » du faisceau conduit à une diminution de l'atténuation tout au long du parcours dans le patient. Il peut donc être diérent selon les lignes de réponse enregistrées, ce qui perturbe l'algorithme de reconstruction basée sur l'hypothèse d'un rayon X incident monochromatique et conduit à des artéfacts. Supposons que l'objet scanné soit un cylindre métallique uniforme. Les rayons X passant par le centre sont davantage « durcis » que ceux passant par une région plus périphérique. Les premiers génèrent un signal plus important que celui obtenu sans durcissement de rayon. Le profil d'atténuation recueilli dière donc du profil théorique, comme le montre la Figure 3.12. On parle d'artéfact en forme de cuvette. La Figure 3.13 présente le profil d'atténuation obtenu par reconstruction avec une ligne continue. En l'absence d'artéfact, le profil devrait être horizontal car le fantôme est homogène.

Supposons maintenant que l'objet soit très hétérogène. Des étoiles ou des bandes noires peuvent apparaître entre deux parties denses. Ces artéfacts sont dus au fait que les rayons passant par une seule partie dense sont moins « durcis » que ceux qui passent par deux parties denses (Figure 3.14).

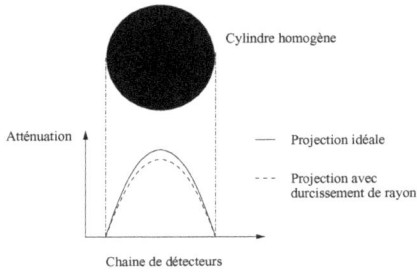

Figure 3.12 Artéfact dû au durcissement de rayon

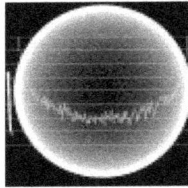

Figure 3.13 Reconstruction tomographique d'un cylindre en plexiglas homogène : artéfact dû au durcissement de rayon (Barrett et Keat, 2003)

Figure 3.14 Scan transversal d'un stent avec extrémités en tantale (Létourneau-Guillon et al., 2004)

Le travail que nous avons effectué permet de réduire ces artéfacts.

- les artéfacts du bruit. Les projections recueillies sont bruitées et brouillent la reconstruction. Une bonne modélisation du bruit permet de limiter ces artéfacts efficacement. Nous tiendrons compte du bruit dans les développements théoriques, mais les simulations seront réalisées sans bruit (le bruit n'a pas été modélisé).

- les artéfacts causés par la déviation des photons X par effet Compton. Certains photons sont déviés par effet Compton et peuvent contaminer les mesures. Une modélisation réaliste permettra d'en limiter des effets.

Certaines reconstructions monochromatiques proposent une modélisation du bruit et de la déviation Compton. La meilleure façon d'améliorer encore la qualité des images reconstruites en présence d'objets fortement atténuants est alors de modéliser le caractère polychromatique de la source.

3.8 Conclusion

Nous avons ici exposé les méthodes de reconstruction basées sur l'hypothèse d'un faisceau X incident monochromatique. L'étude des artéfacts qui affectent les images obtenues a souligné l'importance du polychromatisme de la source. Quelles sont les méthodes qui ont été développées sous cette hypothèse et quelles sont les améliorations que nous pourrions y apporter ? Tel est l'objet du chapitre suivant.

Rappelons ici l'objectif que nous nous sommes fixés : nous souhaitons réduire les artéfacts métalliques en établissant un bon compromis entre la qualité de l'image, le temps de calcul et le coût de mise en œuvre. Nous serions alors par exemple capables de visualiser la lumière d'une artère munie d'un stent.

CHAPITRE 4

RECONSTRUCTION AXIALE 2D SOUS HYPOTHÈSE
POLYCHROMATIQUE

Dans ce chapitre, nous ferons l'hypothèse que les rayons X émis sont polychromatiques. Les coecients d'atténuation linéiques dépendront non seulement du matériau traversé m mais aussi du niveau d'énergie considéré E . Nous pouvons donc écrire : μ (m, E).

Une première idée pour réduire les artéfacts m étalliques serait de filtrer le rayonnement polychromatique de la source pour ne garder qu'un seul niveau d'énergie. Cependant, le rapport signal sur bruit serait alors trop petit et les reconstructions trop bruitées pour permettre un diagnostic fiable. Il est donc nécessaire de développer des m éthodes spécifiques pour réduire ces artéfacts.

4.1   Utilisation de deux faisceaux d'énergies distinctes

Cette m éthode est considérée par Kak et Slaney (1988) comme la plus élégante dans l'élimination des artéfacts m étalliques. Elle a été proposée par Alvarez et Macovski (1976) (Duerinckx et Macovski, 1978). Ils décrivent le processus physique de formation des données de façon déterministe.

Nous avons vu dans le chapitre 2 que les photons sont essentiellement soumis à deux phénomènes lors de la traversée de la matière : l'eet Compton et l'eet photoélectrique. D'où l'idée de décomposer le coecient d'atténuation d'un matériau m donné de la façon suivante :

$$\mu(m, E) = a_1(m)g(E) + a_2(m)f_{KN}(E) \tag{4.1}$$

L'expression $a_1(m)g(E)$ décrit l'atténuation du rayon X par effet photoélectrique par le matériau m et l'expression $a_2(m)f_{KN}(E)$ décrit sa diffusion par effet Compton. Les fonctions $a_1(m)$ et $a_2(m)$ dépendent des propriétés du matériau m tandis que les fonctions g et f_{KN} dépendent uniquement de l'énergie du rayon X. Alvarez et Macovski (1976) ont proposé une expression analytique pour ces deux dernières fonctions, elles sont donc connues.

L'équation de propagation s'écrit :

$$y = \int S_0(E)e^{-A_1 g(E)+A_2 f_{KN}(E)}dE \tag{4.2}$$

avec :

$$A_1 = \int_{L_{S,D}} a_1(s)ds$$
$$A_2 = \int_{L_{S,D}} a_2(s)ds \tag{4.3}$$

y $[cm^{-1}]$ est le nombre de photons ayant traversé le corps ; s $[cm]$ est le chemin parcouru par le rayon X dans le corps ; E $[keV]$ est l'énergie des photons incident et $S_0(E)$ $[keV]$ est la distribution du nombre de photons X émis en fonction de l'énergie. L'objectif de l'algorithme est de déterminer μ, soit A_1 et A_2. Afin de calculer A_1 et A_2, deux mesures y_1 et y_2 sont effectuées, pour deux distributions d'énergie distinctes. On a donc :

$$y_1(A_1,A_2) = \int S_1(E)e^{-A_1 g(E)+A_2 f_{KN}(E)}dE$$
$$y_2(A_1,A_2) = \int S_2(E)e^{-A_1 g(E)+A_2 f_{KN}(E)}dE \tag{4.4}$$

ce qui donne deux équations à deux inconnues.

Les deux émissions S_1 et S_2 peuvent être obtenues simplement en changeant la tension d'alimentation du tube de la source de rayons X ou par filtrage. L'inconvénient majeur de cette méthode tient dans l'exposition deux fois plus longue du patient à des rayons ionisants. Elle reste utilisée pour imager de petits animaux comme les souris (Gleason et al., 1998).

4.2 Les prétraitements

Nous adopterons ici une description déterministe du processus de formation des données. Supposons que le faisceau incident soit monochromatique et qu'il traverse un milieu homogène de longueur l. La relation (3.1) nous donne alors :

$$\mu l = -\ln \frac{y}{b_{total}} \qquad (4.5)$$

Cette relation signifie que, sous l'hypothèse monochromatique, $\ln \frac{y}{b_{total}}$ est proportionnel à l. Van de Casteele et al. (2002) ont montré expérimentalement que cela n'est pas vrai pour les rayons polychromatiques (Figure 4.1).

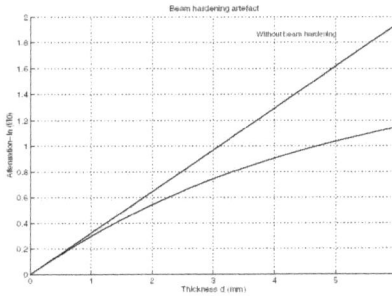

Figure 4.1 Pour un faisceau polychromatique, la relation entre $-\ln \frac{y}{b_{total}}$ et l'épaisseur du milieu (ici du plexiglas) n'est pas linéaire (Van de Casteele et al. (2002))

Donnons une explication mathématique à la courbe de la Figure 4.1. Considérons pour cela un faisceau composé de b_1 photons d'énergie E_1 et de b_2 photons d'énergie E_2, avec $E_1 < E_2$. Ce faisceau traverse un matériau d'épaisseur d, dont le coecient d'atténuation est égal à μ_1 à l'énergie E_1 et μ_2 à l'énergie E_2. Le nombre total y de photons atteignant le capteur s'écrit alors :

$$y = b_1 e^{-\mu_1 d} + b_2 e^{-\mu_2 d} \qquad (4.6)$$

En posant $b_{tot} = b_1 + b_2$, on obtient :

$$\frac{y}{b_{tot}} = \frac{b_1 e^{-\mu_1 d} + b_2 e^{-\mu_2 d}}{b_{tot}}$$

$$-\ln \frac{y}{b_{tot}} = \mu_2 d + \ln \frac{b_{tot}}{b_1 e^{-(\mu_1-\mu_2)d} + b_2} \qquad (4.7)$$

En posant $= \frac{b_1}{b_2}$, on a :

$$-\ln \frac{y}{b_{tot}} = \mu_2 d + \ln \frac{1+}{1 + e^{-(\mu_1-\mu_2)d}} \qquad (4.8)$$

Remarquons ici que pour $E_1 = E_2$ nous retrouvons l'équation de Beer-Lambert.

Supposons que l'épaisseur d du matériau traversé soit grande. L'équation (4.8) devient :

$$-\ln \frac{y}{b_{tot}} \quad \mu_2 d + \ln(1+) \qquad (4.9)$$

L'équation (4.9) est linéaire en d, ce qui est en accord avec le comportement de la courbe de la Figure 4.1.

Supposons maintenant que l'épaisseur d du matériau traversé soit petite. En utilisant un développement de Taylor du second ordre autour du point d = 0, on obtient :

$$-\ln \frac{y}{b_{tot}} \qquad \mu_2 d + \frac{b_1}{b_{tot}(\mu_1-\mu_2)d} \atop \frac{b_1}{b_{tot}}\mu_1 + \frac{b_2}{b_{tot}}\mu_2 \quad d \tag{4.10}$$

Pour d petit, l'équation (4.10) est linéaire en d avec une pente égale à $\frac{b_1}{b_{tot}}\mu_1 + \frac{b_2}{b_{tot}}\mu_2$. Cette pente est plus raide que celle de l'équation (4.9) car $\mu_1 > \mu_2$, conséquence de $E_1 < E_2$. Cela est également visible sur la Figure 4.1.

Nous avons ici considéré deux niveaux d'énergie mais le raisonnement pourrait être étendu à K niveaux d'énergie. La conclusion serait identique : pour un faisceau polychromatique, la relation entre $-\ln \frac{y}{b_{total}}$ et l'épaisseur du milieu n'est pas linéaire.

Si on connaît la nature du milieu traversé et sa longueur, il est possible de corriger les données brutes des projections pour se ramener au cas monochromatique en utilisant la courbe de la Figure 4.1. De nombreux algorithmes prennent μ_{eau} comme référence. Cette méthode présente l'avantage d'être facile à mettre en œuvre et donne de bons résultats pour les tissus mous. En effet, les diérences de composition entre les diérents tissus mous sont minimes et ils se comportent comme l'eau. Mais le résultat est moins bon pour les milieux ayant un grand numéro atomique Z, comme les os ou les pièces métalliques. Le prétraitement est souvent une première étape dans les algorithmes de réduction des artéfacts métalliques.

4.3 Les post-traitements

Ces traitements requièrent une reconstruction préalable et utilisent le filtrage et l'interpolation des données. L'image préalable est ainsi seuillée pour repérer les projections correspondant aux rayons ayant été très atténués. Ces données sont ensuite soit ignorées (Wang et al., 1996), soit remplacées par une valeur calculée par interpolation. Une interpolation polynomiale a été développée par Lewitt et Bates (1978). Kalender et al. (1987) réalisent une interpolation linéaire en utilisant les projections qui correspondent aux parties non-métalliques de l'objet scanné. Cette méthode empirique ne parvient pas toujours à distinguer deux objets atténuants de nature diérente.

Joseph et Spital (1978) proposent une méthode qui segmente l'image obtenue par rétro-projection filtrée en deux classes : la première atténue les rayons X de façon analogue à l'eau, la seconde de façon comparable à l'os. Les images segmentées sont ensuite rétro-projetées. La projection de la classe « os » donne alors une estimation des distorsions dues au polychromatisme des faisceaux. Les données sont ainsi corrigées et une nouvelle image est reconstruite. Les résultats peuvent être encore améliorés en itérant cette démarche. Cependant, l'hypothèse de l'existence de deux classes n'est souvent que partiellement vérifiée, ce qui conduit à des corrections imparfaites. Cet algorithme a été généralisé afin de pouvoir être utilisé pour des objets contenant trois substances (os, tissus mous et iode) (Joseph et Ruth, 1997). Les résultats ne sont cependant pas totalement satisfaisants. De plus, cette méthode converge en pratique, mais aucun résultat théorique n'a pu être établi.

Une approche plus générale prenant explicitement en compte le caractère polychromatique de la source de rayons X serait sûrement plus ecace. Telle est la démarche de De Man et d'Elbakri, que nous allons maintenant exposer.

4.4 Algorithmes de De Man et Elbakri

Le caractère polychromatique des rayons X fait ici partie intégrante du critère. Nous décrirons brièvement les algorithmes développés par les équipes de De Man et Elbakri.

Les deux équipes ont choisi une description statistique du problème direct analogue à celle décrite au chapitre précédent. L'équation de propagation sera cependant polychromatique. L'équation (3.46) s'écrit alors :

$$L(\mu) = \sum_{i=1}^{N} y_i \ln\left(\sum_{k=1}^{K} b_k e^{-[A\mu_k]_i} + r_{ik}\right) - \left(\sum_{k=1}^{K} b_k e^{-[A\mu_k]_i} + r_{ik}\right) - \ln(y_i!) \qquad (4.11)$$

où K le nombre de niveaux d'énergie considérés. Un terme de régularisation $R(\mu)$ est ajouté à $L(\mu)$ pour améliorer le conditionnement du problème. De Man et Elbakri ont choisi une fonction pénalisant les différences entre pixels voisins.

$$R(\mu) = \sum_{k=1}^{K} \sum_{j=1}^{L^2} \sum_{v \in N_j} \psi(\mu_{jk} - \mu_{vk}) \qquad (4.12)$$

où ψ est une fonction potentiel et N_j un voisinage du pixel j. De Man et Elbakri ont choisi le potentiel de Hubert qui conserve les frontières :

$$\psi(u, T) = \begin{cases} \dfrac{u^2}{2} & \text{si } u < T \\ |u| - \dfrac{T^2}{2} & \text{si } u \geq T \end{cases}$$

On définit alors la fonction $C(\mu)$ telle que :

$$C(\mu) = -L(\mu) + R(\mu) \qquad (4.13)$$

69

où   est un scalaire permettant de fixer l'importance relative entre les mesures et la connaissance a priori sur μ. Plus   est grand, moins l'image sera bruitée, mais plus la résolution spatiale sera faible. Ce paramètre sera ajusté de façon à réaliser un bon compromis.

L'objectif est alors de trouver μ qui minimise $C(\mu)$. Puisque les rayons X émis sont polychromatiques, la valeur des coecients linéiques d'atténuation dépend non seulement de la position du pixel considéré, mais aussi de l'énergie du faisceau. La première étape du travail consiste à se rapporter à une seule variable (simplification du problème). La deuxième étape consiste à minimiser ce critère simplifié.

Mettons maintenant en évidence les hypothèses et les simplifications utilisées dans chacun des algorithmes de De Man et Elbakri.

4.4.1 Algorithme de De Man

De Man utilise un modèle d'acquisition très poussé et adapté aux données physiques du tomographe utilisé. Ce modèle a été validé par comparaison avec des données réelles. Il permet de tenir compte des eets du bruit, du volume partiel, de la déviation des photons, du mouvement du patient, etc. L'objectif est de trouver μ qui minimise $C(\mu)$. Le nombre d'inconnues est donc $L^2 \times K$, où L^2 est le nombre de pixels de l'image et K le nombre de niveaux d'énergie considérés. En tomographie, le problème est donc de très grande taille. De Man réduit tout d'abord le nombre d'inconnues afin de limiter les temps de calcul et l'encombrement de la mémoire.

Comme nous l'avons vu dans le chapitre 2, les photons sont essentiellement soumis à deux phénomènes lors de la traversée de la matière : l'et Compton et l'et photoélectrique. D'où l'idée de décomposer les coecients d'atténuation μ_{jk}. en deux termes : le premier, $_j(\mu_{70}) \times _k$, décrit l'et photoélectrique et le second,

$_j(\mu_{70}) \times \quad_k$, décrit l'et Compton.

$$\mu_{jk} = \quad_k \times \quad_j(\mu_{70}) + \quad_k \times \quad_j(\mu_{70}) \qquad (4.14)$$

μ_{70} désigne le vecteur des coecients d'atténuation à 70 keV, énergie moyenne d'un photon X émis par la source. $_k$ et $_k$ sont des scalaires connus pour tout niveau d'énergie k.

D'après Herman (1979) et Avrin et al. (1978), $_k$ est donné par :

$$_k = \left(\frac{E_0}{E_k}\right)^3 \qquad (4.15)$$

où E_0 est l'énergie de référence (par exemple, $E_0 = 70$ keV) et E_k est l'énergie k considérée, en keV ;

et $_k$ est donné par :

$$_k = \frac{f_{KN}(E_k)}{f_{KN}(E_0)} \qquad (4.16)$$

où f_{KN} est la fonction de Klein–Nishina donnée par :

$$f_{KN}(E_k) = \frac{1+}{^2}\left[\frac{2(1+)}{1+2} - \frac{\ln(1+2)}{}\right] + \frac{\ln(1+2)}{2} - \frac{1+3}{(1+2)^2} \qquad (4.17)$$

avec $= \frac{E_k}{511}$ keV.

Connaissant μ_{jk} pour une substance donnée (disponible sur le site http://physics.nist.gov), $_j$ et $_j$ sont calculés en utilisant un ajustement par moindres carrés et les expressions analytiques de $_k$ (4.15) et $_k$ (4.16). Le Tableau 4.1 regroupe quelques résultats.

Il est ensuite possible de tracer les courbes $= f()$ et $\mu = f()$ (Figure 4.2) pour les substances de base suivantes : air, eau, os, Ti, Fe. La plupart des autres

Tableau 4.1 Coefficient photoélectrique , coefficient Compton , et coefficient d'atténuation à 70 keV μ, pour différentes substances

Substance	(1/cm)	(1/cm)	μ_{70} (1/cm)
air	0.0002	1.7×10^{-5}	0.002
tissu mou	0.177	0.0148	0.1935
os	0.3109	0.1757	0.4974
Al	0.4274	0.2125	0.6523
Ti	0.7189	1.8201	2.6530
Fe	1.3904	5.32734	7.0748

substances sont situées au voisinage de ces fonctions linéaires définies par morceaux. Par la suite, De Man supposera que toutes les substances sont situées sur cette courbe. Cette hypothèse signifie que tout coefficient d'atténuation est une combinaison linéaire des deux coefficients de base adjacents.

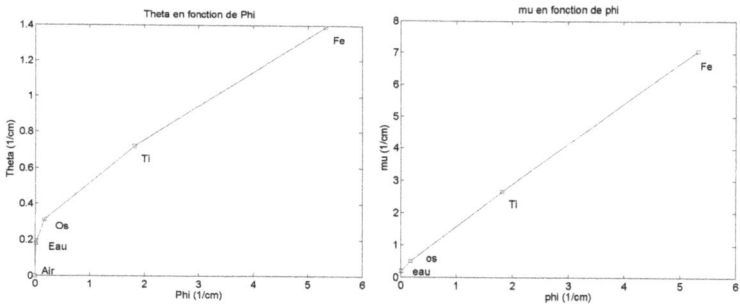

Figure 4.2 Coefficient de Compton et coefficient d'atténuation μ en fonction du coefficient photoélectrique .

Les variables μ_{jk} sont donc complètement déterminées par les variables $\mu_{j-70keV}$. Le problème initial avec $L^2 \times K$ inconnues est donc équivalent à un problème à L^2 inconnues : les $\mu_{j-70keV}$ que nous noterons $\tilde{\mu}_j$.

De Man souhaite alors minimiser la fonction $C(\tilde{\mu})$. Il utilise pour cela une fonction-substitut qui lui est supérieure en tout point. Cela ne garantit pas la convergence lorsque le premier itéré est loin de la solution. Afin de déterminer la fonction-substitut utilisée, De Man approxime tout d'abord la fonction C à minimiser par son développement de Taylor du second ordre :

$$C(\tilde{\mu}_{n+1}) \;-\; C(\tilde{\mu}_n) + \sum_{j=1}^{L^2} (\tilde{\mu}_{nj} - \tilde{\mu}_{(n+1)j}) \frac{\partial C}{\partial \tilde{\mu}_{nj}}(\tilde{\mu}_n)$$

$$+ \sum_{j=1}^{L^2}\sum_{h=1}^{L^2} \frac{1}{2}(\tilde{\mu}_{nj} - \tilde{\mu}_{(n+1)j})(\tilde{\mu}_{nh} - \tilde{\mu}_{(n+1)h}) \frac{\partial^2 C}{\partial \tilde{\mu}_{nj}\tilde{\mu}_{nh}}(\tilde{\mu}_n) \qquad (4.18)$$

Il définit ensuite :

$$S(\tilde{\mu}_{n+1}) \;=\; C(\tilde{\mu}_n) + \sum_{j=1}^{L^2} (\tilde{\mu}_{nj} - \tilde{\mu}_{(n+1)j}) \frac{\partial C}{\partial \tilde{\mu}_{nj}}(\tilde{\mu}_n)$$

$$+ \sum_{j=1}^{L^2}\sum_{h=1}^{L^2} \frac{1}{2}(\tilde{\mu}_{nj} - \tilde{\mu}_{(n+1)j})^2 \frac{\partial^2 C}{\partial \tilde{\mu}_{nj}\tilde{\mu}_{nh}}(\tilde{\mu}_n) \qquad (4.19)$$

D'où :

$$C(\tilde{\mu}_{n+1}) \leq S(\tilde{\mu}_{n+1}) \qquad (4.20)$$

L'inégalité (4.20) n'est valable que si $C(\tilde{\mu})$ est convexe. De Man et son équipe proposent alors une méthode minimisant $S(\tilde{\mu})$. Mais cela n'assure pas de trouver le minimum global de $C(\tilde{\mu})$ lorsque C n'est pas convexe. En pratique, on constate que cette technique converge et donne de bons résultats, mais aucun résultat théorique ne permet de s'en assurer.

Le minimum de la fonction $S(\tilde{\mu})$ est atteint lorsque sa dérivée par rapport à μ s'annule (condition nécessaire). De Man établit donc la relation de récurrence suivante :

$$\tilde{\mu}_{(n+1)j} = \tilde{\mu}_{nj} - \frac{\frac{\partial C}{\partial \tilde{\mu}_j}(\tilde{\mu})}{\sum_{h=1}^{L^2} \frac{\partial^2 C}{\partial \tilde{\mu}_j \partial \tilde{\mu}_h}(\tilde{\mu})} \tag{4.21}$$

La Figure 4.3 présente les résultats obtenus et les compare à la méthode de rétro-projection filtrée. On constate que la qualité de l'image est améliorée, même si le temps de calcul est plus important.

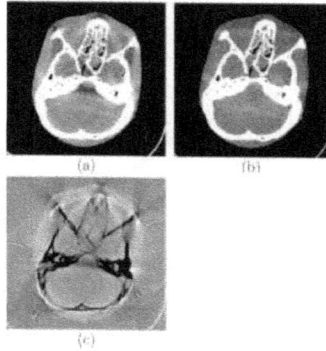

Figure 4.3 Comparaison entre les résultats obtenus par De Man (b) et la méthode FBP (a) . La figure (c) est la diérence entre les images (a) et (b) (Man et al., 2001)

Cet algorithme tient ainsi compte du caractère polychromatique des rayons X incidents. Il suppose que le coecient d'atténuation à 70 keV de toute substance peut s'écrire comme la combinaison linéaire de deux substances de base : l'air, l'eau, l'os et le fer. Ceci est une approximation. Il serait possible de considérer un plus grand nombre de substances sans complexifier exagérément les calculs. La convergence globale de cette méthode n'est pas prouvée théoriquement.

4.4.2 Algorithme d'Elbakri

La démarche de Elbakri est analogue à celle de De Man. Il procède lui aussi en deux étapes : la première consiste à réduire le nombre d'inconnues, la seconde à minimiser le critère C .

Afin de réduire la taille du problème, Elbakri suppose que l'objet à imager est constitué de M matériaux (tissus) et que chaque pixel contient un mélange de ces matériaux. Elbakri exprime le coecient d'atténuation de chaque matériau comme le produit d'un coecient d'atténuation massique et de la densité (Alvarez et Macovski, 1976). Pour le pixel j, on a donc :

$$\mu_t(j, E) = m(E)_j$$
$$= \sum_{t=1}^{M} m_t(E) f_{tj} \, \rho_j \qquad (4.22)$$

où :

- ρ_j [g/cm^3] est la densité du pixel j,
- $\{m_t(E)\}_{t=1}^{M}$ [cm^2/g] sont les coecients d'atténuation massique des M matériaux qui composent l'objet. Ils sont connus.
- et f_{tj} (sans unité) décrit la contribution du matériau t à l'atténuation subie dans le pixel j.

Elbakri modélise alors f_{tj} par une fonction prédéterminée de la densité du pixel : $f_{tj}(\rho_j)$. Il écrit alors :

$$\mu_t(j, E) = \sum_{t=1}^{M} m_t(E) \, \rho_j f_{tj}(\rho_j) \qquad (4.23)$$

Dans leur étude, Elbakri et son équipe ont considéré deux matériaux : l'eau et l'os. D'où :

$$m(E) = m_{eau} f_{eau} + m_{os} f_{os} \qquad (4.24)$$

avec $f_{eau} + f_{os} = 1$. Connaissant m (E) pour une substance donnée (disponible sur le site http ://physics.nist.gov), f_{eau} est calculé en utilisant un ajustement par les moindres carrés. Le tableau 4.2 regroupe quelques résultats.

Tableau 4.2 Densité et fraction de l'eau pour diérentes substances (Elbakri et Fessler, 2003)

Tissu	densité [g/cm 3]	f_{eau}
gras	0.95	1.0
eau	1.0	1.0
cerveau	1.04	0.99
os cortical	1.92	0.0

Elbakri propose ensuite une modélisation pour les fonctions f_{tj} ($_j$) (Figure 4.4). Cette modélisation est de classe C^2, contrairement aux courbes utilisées par De Man qui sont linéaires par morceaux. Le calcul des dérivées sera donc facilité. Elbakri souligne tout de même la nécessité d'aner cette modélisation en fonction du corps à imager.

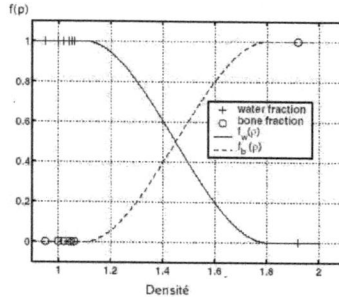

Figure 4.4 Modèle pour f_{eau} () et f_{os} () (Elbakri et Fessler, 2003)

Les seules inconnues du problème sont maintenant les $_j$. Elbakri a donc ramené le problème initial avec $L^2 \times M$ inconnues à un problème à L^2 inconnues : les $_j$.

Afin de minimiser le critère C (), Elbakri utilise le même algorithme que De Man. Il définit une fonction-substitut. La convergence globale de l'algorithme n'est donc pas prouvée.

Les résultats obtenus ont été comparés avec ceux d'autres méthodes de reconstruction (Tableau 4.3). Les améliorations apportées sont nettes.

Tableau 4.3 Comparaison entre diérentes méthodes de reconstruction (Elbakri et Fessler, 2002)

Méthode de reconstruction	erreur moyenne de reconstruction
FBP	8.2%
méthode utilisant un pré-traitement (soft-tissue)	17.1%
méthode utilisant un post-traitement (Joseph et Spital)	6.1%
itération sous hyp. monoénergétique	6.8%
itération sous hyp. polyénergétique	2.5%

Cet algorithme tient ainsi compte du caractère polychromatique des rayons X incidents. Mais aucun test n'a été fait pour des images comportant des pièces métalliques. La convergence de l'algorithme n'est pas prouvée.

Les algorithmes de De Man et d'Elbakri sont robustes et permettent de réduire les artéfacts de façon ecace même si des améliorations supplémentaires peuvent être apportées. Leur principal handicap réside dans le temps de calcul trop important pour une utilisation de routine. De plus, aucune de ces méthodes ne converge de façon certaine.

4.5 Conclusion

Plusieurs méthodes ont été proposées afin de réduire les artéfacts métalliques. L'utilisation de deux faisceaux d'énergie distinctes nécessite une dose de rayons X trop importante, nuisible à la santé du patient. Les algorithmes de pré-traitement et de post-traitement ne parviennent pas éliminer convenablement les artéfacts métalliques. Enfin, les algorithmes de De Man et Elbakri, dont la convergence n'est pas prouvée, nécessitent un temps de calcul trop important. Nous avons donc travaillé à l'élaboration d'une autre méthode de reconstruction. Celle-ci sera présentée et évaluée dans les sections suivantes.

Notre objectif est alors de trouver un algorithme de minimisation de C rapide et fiable.

CHAPITRE 5

TECHNIQUES DE MINIMISATION

5.1 Introduction

Soit G une fonction réelle définie sur R^{L^2}.
L'objectif est ici de résoudre l'équation :

$$= \arg\min G(\ ) \qquad (5.1)$$

Plusieurs méthodes permettent de minimiser la fonction G. Dans le cas où ce problème possède une solution explicite, une résolution directe est théoriquement possible. Cependant la grande taille des problèmes numériques d'imagerie médicale en rend la mise en œuvre très dicile. Le calcul du minimum passe alors par une mise en œuvre itérative. Succinctement, on construit une application $M : R^{L^2} \quad R^{L^2}$ appelé algorithme ou schéma itératif qui, à partir de $_0$ donné initialement, génère une suite d'itérés $\{\ _k\}_{k=0,1..}$ suivant $_{k+1} = M(\ _k)$.

Dans le cas où nous disposons de peu d'informations sur la fonction G, les algorithmes génétiques (Haupt, 1995) ou la méthode du recuit simulé (Geman et Geman, 1984b) peuvent être utilisés. Leur avantage est de ne poser aucune hypothèse sur la continuité ou la convexité du critère. Cependant, les algorithmes génétiques ne donnent pas précisément une solution du problème mais des positions proches de l'optimum. Lorsqu'on utilise un tel algorithme pour minimiser un critère, il convient de prolonger cette procédure par un algorithme d'optimisation à convergence monotone, afin d'augmenter la précision de la recherche et d'obtenir le (ou les) minimum (minima) de manière précise (Goe et al., 1994; Dorsey et Mayer, 1995). La mise en œuvre peut être très coûteuse. Les algorithmes de recuit simulé assurent de trouver le minimum global d'une fonction (Jeng et Woods, 1990). Bien que le recuit simulé soit souvent présenté comme une méthode d'optimisation réservée aux fonctions à variables discrètes, il peut également fournir de bons résultats dans le cas d'une fonction à variables continues comme la fonction G. Le temps de calcul peut cependant être très important.

Certaines méthodes ne présentent pas cet inconvénient, notamment celles qui fragmentent le problème de minimisation initial suivant ses variables en une série de sous-problèmes qui sont plus faciles à résoudre. Ces méthodes sont généralement appelées méthodes de relaxation par blocs. L'algorithme est initialisé avec une valeur arbitraire $_0$ et la minimisation de G est effectuée composante par composante.

L'intérêt principal de ce type de méthodes est leur facilité de mise en œuvre, propriété appréciée pour l'optimisation des très grands systèmes. Cependant, les méthodes de relaxation convergent lentement (Bertsekas, 1999).

Dans l'objectif de trouver une méthode de minimisation capable de minimiser un critère non convexe et convergeant rapidement, nous nous sommes intéressés aux algorithmes d'optimisation à convergence monotone. Ils utilisent un point initial $_0$ à partir duquel est construite la suite d'itérés $\{ _k \}_{k \in \mathbb{N}}$ telle que :

$$G(_k) \leq G(_{k-1}) - _k \text{ avec } _k > 0 , k \tag{5.2}$$

Cette condition permet de s'assurer que la suite est décroissante et converge éventuellement vers un minimum de G, s'il en existe un. Deux stratégies sont possibles pour calculer $_k$ à partir de $_{k-1}$: la première utilise une recherche linéaire, et la seconde définit des régions de confiance. Toutes deux assurent une convergence globale, c'est-à-dire que :

$$\lim_{k \to +\infty} G(\theta_k) = 0. \tag{5.3}$$

Les méthodes basées sur une recherche linéaire utilisent une formule de mise à jour de la forme :

$$\theta_{k+1} = \theta_k + \alpha_k d_k \tag{5.4}$$

où α_k est la longueur du pas à l'itération k, et d_k une direction de descente pour G en $\theta_k \in R^{L^2}$ i.e :

$$G(\theta_k)^T d_k < 0 \tag{5.5}$$

Le couple (α_k, d_k) est choisi de façon à faire décroître le critère. La mise à jour de ce couple peut-être effectué de différentes manières, mais le but est d'obtenir un compromis entre simplicité de mise en œuvre et assurance de convergence. Nous présentons par la suite quelques choix classiques.

Les méthodes utilisant les régions de confiance utilisent une fonction-modèle M_k dont le comportement autour du point courant θ_k est similaire à celui du critère G lorsque θ est proche de θ_k. La recherche est donc restreinte à une zone autour de θ_k. Autrement dit, nous recherchons le pas p qui minimise approximativement la fonction M_k suivante :

$$p_k \quad \arg\min_{p \in B_k} M_k(\theta_k + p) \tag{5.6}$$

avec $\theta_k + p$ appartenant à la région de confiance B_k définie par $\|p\|_2 \leq \Delta_k$, où Δ_k est un réel positif appelé rayon de la région de confiance. Le modèle M_k le plus couramment utilisé est une approximation quadratique du second ordre de G autour de θ_k définie par :

$$M_k(\theta_k + p) = G_k + p^T G_k + \frac{1}{2} p^T H_k p \tag{5.7}$$

où G_k est la valeur de la fonction G au point $_k$, G'_k est égal au gradient de G en $_k$ et H_k est la matrice symétrique égale au Hessien de G calculé en $_k$ (ou une approximation de cette matrice).

Étudions maintenant plus en détail les méthodes de recherche linéaire et de régions de confiance.

5.2   Méthodes utilisant une recherche linéaire

5.2.1   Principe

Toutes les méthodes utilisant une recherche linéaire possèdent la même structure, présentée dans le Tableau 5.1.

Tableau 5.1 Méthode utilisant une recherche linéaire

Initialisation :
$_0$ donné
Itérations :
Calcul de d_k,
Calcul du pas $_k > 0$ le long de d_k,
de manière à faire décroître G susamment.
$_{k+1} = _k + _k d_k$

Les itérations sont stoppées lorsque le gradient de G est susamment proche de zéro. Il s'agit ici de trouver le couple ($_k, d_k$) permettant de faire décroître $G(_k)$ avec un bon compromis entre simplicité de mise en œuvre et assurance de convergence. En pratique, on détermine d'abord la direction de descente puis on calcule la longueur du pas connaissant la direction de descente. Nous présenterons chacune de ces étapes dans les deux sections suivantes en énonçant les conditions à vérifier pour assurer une convergence rapide de l'algorithme, puis nous présenterons plus en détail quelques algorithmes fréquemment cités dans la littérature.

5.2.2 Calcul de la direction de descente

5.2.2.1 Conditions de convergence

Nous étudierons ici les conditions que doit remplir d_k pour assurer la convergence globale de l'algorithme. Nous supposerons pour cela que la longueur du pas a été « bien » choisie, notion que nous préciserons dans le paragraphe suivant où nous énoncerons les conditions de Wolfe. Énonçons tout d'abord le théorème de Zoutendijk.

Théorème de Zoutendijk :

Considérons une itération de la forme $x_{k+1} = x_k + \alpha_k d_k$ où d_k est une direction de descente et α_k satisfait les conditions de Wolfe. Supposons que G possède une borne inférieure sur R^{L^2} et soit continûment dérivable sur un ouvert N contenant l'ensemble L défini par $L = \{x : G(x) \leq G(x_0)\}$, où x_0 est le point de départ des itérations. Supposons de plus que le gradient ∇G soit continûment Lipschitzien sur N, c'est-à-dire qu'il existe un réel C strictement positif tel que, $\forall x_1, x_2 \in N$:

$$\| \nabla G(x_1) - \nabla G(x_2) \| \leq C \| x_1 - x_2 \| \qquad (5.8)$$

Alors :

$$\sum_{k \geq 0} \cos^2 \theta_k \| \nabla G_k \|^2 < \infty \qquad (5.9)$$

où θ_k est l'angle formé par d_k et la direction de la plus forte pente $-\nabla G_k$, défini par :

$$\cos_k = \frac{- G_k^T d_k}{G_k d_k} \tag{5.10}$$

Notons que les hypothèses posées par Zoutendijk ne sont pas très contraignantes et sont souvent vérifiées en pratique. L'inégalité (5.9), dite condition de Zoutendijk, implique que :

$$\lim_{k \to \infty} \cos^2_k G_k^2 = 0 \tag{5.11}$$

Cette limite peut être utilisée pour déterminer la convergence globale des algorithmes utilisant une recherche linéaire. En eet, si la méthode choisit une direction de descente d_k telle que $|\cos_k| \geq > 0$, alors :

$$\lim_{k \to \infty} G_k = 0 \tag{5.12}$$

Cela signifie que la norme du gradient G_k converge vers zéro lorsque les directions de descente ne sont pas orthogonales au gradient. Nous ne pouvons pas garantir en général que la méthode converge vers un minimum, mais seulement vers un point stationnaire.

Le théorème de Zoutendijk permet de montrer que l'algorithme de la plus forte pente pour laquelle $d_k = - G_k$ est globalement convergent (sous réserve que le critère vérifie les hypothèses de Zoutendijk). La non convexité du critère n'altère pas les propriétés de convergence.

Les méthodes de quasi-Newton définissent la direction de descente par :

$$d_k = - M_k^{-1} G_k \tag{5.13}$$

où M_k est une approximation du Hessien du critère. Si le critère est convexe, M_k est une matrice symétrique et définie positive.

De plus, s'il existe une constante B telle que, $\| M_k \| \| M_k^{-1} \| \leq B$. On montre alors qu'il existe > 0 tel que $\cos(\theta_k) \geq$ (Gilbert, 2000). D'où :

$$\lim_{k \to +\infty} \| G_k \| = 0 \qquad (5.14)$$

Nous venons donc de montrer que l'algorithme de Newton et les méthodes de quasi-Newton sont globalement convergentes si le pas choisi vérifie les conditions de Wolfe et si les matrices M_k sont définies positives et uniformément bornées. Nous ne disposons d'aucun résultat de convergence pour les critères non convexes.

La condition de Zoutendijk permet également de montrer la convergence globale de la méthode du gradient conjugué pour des critères quadratiques. Cette méthode sera étudiée plus en détail dans les paragraphes suivants.

5.2.2.2 Quelques choix classiques pour le calcul de d

Il existe de nombreuses méthodes permettant le calcul d'une direction de descente. Nous présenterons ici ceux qui sont le plus souvent cités dans la littérature :
- L'algorithme de la plus profonde descente utilise :

$$d_k = -G(\theta_k) \qquad (5.15)$$

Ils convergent de façon globale. La convergence est cependant lente, ce qui rend leur utilisation sur des problèmes grande taille peu fréquente.
- Supposons que $\nabla^2 G(\theta_k)$ soit défini positif. L'algorithme de Newton utilise :

$$d_k = -\nabla^2 G(\theta_k)^{-1} G(\theta_k) \qquad (5.16)$$

- Les algorithmes de quasi-Newton utilisent :

$$d_k = - M_k^{-1} G(_k) \qquad (5.17)$$

où M_k est une matrice symétrique définie positive, générée par des formules de mise à jour. C'est une approximation du Hessien de G . Le paragraphe 5.2.4.1 est consacré à l'étude de ces méthodes.

- Les algorithmes du gradient conjugué utilisent :

$$d_k = \begin{array}{ll} - G(_0) & \text{si } k = 0 \\ - G(_k) + _k d_{k-1} & \text{si } k \geq 1 \end{array} \qquad (5.18)$$

Le scalaire $_k$ peut prendre diérentes valeurs, ce qui donne à l'algorithme des propriétés diérentes. Ces algorithmes seront présentés un peu plus loin.

5.2.3   Calcul de la longueur du pas

Nous allons ici décrire les diérentes façons de déterminer un pas $_k > 0$ le long d'une direction de descente d_k assurant la convergence de l'algorithme. Il s'agit de réaliser deux objectifs.

Le premier consiste à faire décroître susamment G . Cela se traduit le plus souvent en forçant la réalisation d'une inégalité de la forme :

$$G(_k + _k d_k) \leq G(_k) + \text{« un terme négatif »} \qquad (5.19)$$

Ce premier objectif n'est cependant pas susant car l'inégalité (5.19) est en général satisfaite par des pas $_k > 0$ arbitrairement petits. Si tel est le cas, la vitesse de convergence devient très faible. L'algorithme paraît « converger » vers un point qui n'est pas forcément stationnaire. Le second objectif de la recherche linéaire est donc d'empêcher le pas $_k > 0$ d'être trop proche de zéro.

On peut distinguer deux cas pour la recherche du pas : la recherche d'un pas optimal et la recherche d'un pas non optimal.

• Recherche du pas optimal

Le cas optimal se présente lorsque :

$$_k = \arg\min G\ (\ _k +\ \ d_k) \qquad (5.20)$$

Il est bien entendu possible de calculer le pas optimal dans le cas quadratique. Pour les critères non quadratiques, le pas optimal est rarement atteint. Il peut être inexistant, ou bien la détermination de ce pas demande en général un temps de calcul trop important.

Au lieu de rechercher le pas $_k$ qui minimise $G\ (x_k +\ \ d_k)$, on préfère alors imposer des conditions moins restrictives, qui permettent toutefois d'assurer la convergence des algorithmes. En particulier, il n'y aura plus un pas unique (ou quelques pas) vérifiant ces conditions mais tout un intervalle de pas (ou plusieurs intervalles), ce qui rendra leur recherche plus aisée. On parle alors de recherche de pas non optimal.

• Recherche d'un pas non optimal

Cette recherche comporte deux étapes :

– la génération d'une suite de candidats potentiels pour le pas,

– et la sélection d'un pas.

Le pas sélectionné doit assurer une décroissance susante du critère, mais il doit également être susamment grand pour que l'algorithme conserve une bonne vitesse de convergence. Ces deux exigences ont été formulées par Wolfe de la façon suivante :

$$G(\theta_k + \alpha_k d_k) \leq G(\theta_k) + c_1 \alpha_k (G(\theta_k))^T d_k$$
$$(G(\theta_k + \alpha_k d_k))^T d_k \geq c_2 (G(\theta_k))^T d_k \tag{5.21}$$

On peut montrer que le pas optimal vérifie les conditions (5.21). La première inégalité, appelée condition d'Armijo, indique que le pas retenu doit entraîner une décroissance suffisante du critère. Le paramètre $c_1 > 0$ est usuellement pris relativement petit, égal à 10^{-4} par exemple. Cette seule relation n'est pas suffisante pour sélectionner un pas assurant une bonne vitesse de convergence.

La seconde inégalité permet d'éviter la sélection de pas trop petits. Elle est appelée condition de courbure. Le terme de gauche est égal à $\frac{\partial G(\theta_k + \alpha d_k)}{\partial \alpha}(\alpha_k)$ et l'égalité n'est pas vérifiée si cette pente est trop négative. Cependant, cette inégalité est toujours vérifiée lorsque $\frac{\partial G(\theta_k + \alpha d_k)}{\partial \alpha}(\alpha_k) > 0$, avec des directions de descente. On définit alors le critère d'arrêt de Wolfe renforcé par :

$$G(\theta_k + \alpha_k d_k) \leq G(\theta_k) + c_1 \alpha_k (G(\theta_k))^T d_k$$
$$|(G(\theta_k + \alpha_k d_k))^T d_k| \leq |c_2 (G(\theta_k))^T d_k| \tag{5.22}$$

avec $0 < c_1 < c_2 < 1$. En pratique, on choisit c_2 de l'ordre de 0.1.

La recherche du pas peut être faite à partir de ces inégalités pour la majorité des critères. Remarquons que le pas optimal vérifie le critère de Wolfe renforcé.

Il existe d'autres conditions permettant de sélectionner un pas. Citons le critère d'arrêt de Goldstein défini par :

$$G(\theta_k) + (1-c) \alpha_k (G(\theta_k))^T d_k \leq G(\theta_k + \alpha_k d_k) \leq G(\theta_k) + c \alpha_k (G(\theta_k))^T d_k \tag{5.23}$$

avec $0 < c < \frac{1}{2}$.

L'utilisation de la première inégalité n'est cependant pas sans risque : il est possible qu'aucun des pas ne la satisfasse.

5.2.4 Quelques algorithmes

5.2.4.1 Les méthodes de Quasi-Newton

Hypothèse : le critère est convexe

Nous supposerons ici que le critère à minimiser est convexe. Les méthodes de Quasi-Newton permettent d'éviter le calcul coûteux du Hessien du critère en l'estimant grâce à l'information contenue dans le gradient et les directions de descente. Cette estimation du Hessien est calculée en utilisant une formule de mise à jour. Voici quelques propriétés générales de ces algorithmes :

- Proche d'une solution, les algorithmes de quasi-Newton convergent moins rapidement que l'algorithme de Newton.
- Dans leur version standard, ces algorithmes peuvent être utilisés pour un nombre de variables n qui n'est pas trop grand. Le coup d'une itération est en effet de l'ordre de $O(n^2)$. Notons qu'il existe des adaptations de ces algorithmes quasi-Newtoniens pouvant être utilisées pour résoudre des problèmes de très grande taille. Ces méthodes sont dites à mémoire limitée car le Hessien du critère n'est approché que par quelques équations sécantes dans certaines directions.

L'algorithme de Quasi-Newton le plus célèbre est la méthode BFGS, du nom de ses inventeurs : Broyden, Fletcher, Goldfarb et Shanno. L'algorithme est décrit dans le Tableau 5.2. La mise à jour se fait sur l'inverse de l'approximation du Hessien : W_k. L'avant dernière ligne du Tableau 5.2 nous permet d'écrire :

$$W_{k+1} = V_{k-m_k+1,k}^T W_{k-m+1} V_{k-m_k+1,k} + \sum_{i=k-m_k+1}^{k} V_{i+1,k} \frac{s_i s_i^T}{s_i^T y_i} V_{i+1,k} \tag{5.24}$$

avec $m_k = \min\{k+1, m\}$ et

$$V_{ik} = \prod_{j=i}^{k} \left(I - \frac{y_i s_i^T}{s_i^T y_i} \right) \tag{5.25}$$

Tableau 5.2 Algorithme BFGS avec recherche linéaire (Gilbert, 2000)

Initialisation : démarrage à froid
$\quad x_0$ donné
$\quad W_1 = I$
$\quad d_0 = -g_0$

Itérations :
$\quad$ recherche du pas α_k par recherche linéaire
$\quad\quad x_{k+1} = x_k + \alpha_k d_k$
$\quad\quad s_k = x_{k+1} - x_k$
$\quad\quad y_k = g_{k+1} - g_k$
$\quad$ si k=2 :
$$W_2 = \left(I - \frac{s_k y_k^T}{y_k^T s_k} \right) \frac{y_k^T s_k}{y_k^T y_k} I \left(I - \frac{y_k s_k^T}{y_k^T s_k} \right) + \frac{s_k s_k^T}{y_k^T s_k}$$
$\quad$ sinon,
$$W_{k+1} = \left(I - \frac{s_k y_k^T}{y_k^T s_k} \right) W_k \left(I - \frac{y_k s_k^T}{y_k^T s_k} \right) + \frac{s_k s_k^T}{y_k^T s_k}$$
$\quad d_{k+1} = -W_{k+1} g_{k+1}$

La suite $\{W_k\}$ est très stable... parfois un peu trop ! Si l'initialisation n'est pas satisfaisante et que les itérés progressent rapidement, on aimerait que les matrices évoluent plus vite pour s'adapter au Hessien courant. Il peut donc être intéressant de catalyser la mise à jour en multipliant W_k par un facteur scalaire. On prend donc $W_{k+1} = BFGS(\gamma_k W_k, y_k, s_k)$, avec :

$$\gamma_k = \frac{y_k^T s_k}{y_k^T W_k y_k}. \tag{5.26}$$

Le calcul de W_{k+1} présenté dans l'avant dernière ligne du Tableau 5.2 devient :

$$W_{k+1} = \left(I - \frac{s_k \, _k^T}{\, _k^T s_k} \right)_k W_k \left(I - \frac{\, _k s_k^T}{\, _k^T s_k} \right) + \frac{s_k s_k^T}{\, _k^T s_k} \tag{5.27}$$

Nous avons indiqué précédemment que, pour des critères convexes et une recherche linéaire satisfaisant les conditions de Wolfe, l'algorithme BFGS converge globalement. Cependant, le temps de convergence est important pour des problèmes de grande dimension comme la reconstruction tomographique. Nous avons alors étudié une variante de la méthode BFGS : la méthode BFGS à mémoire limitée, appelée L-BFGS (Limited memory BFGS).

Étant donnée l'approximation de l'inverse du Hessien W_k, on calcule une nouvelle approximation W_{k+1} grâce à la diérence des approximations successives de la solution et du gradient g. En reprenant les mêmes définitions que précédemment pour s et , on a pour $k = 0,1,\dots$:

$$W_{k+1} = V_{k-m_k+1,k}^T W_0 V_{k-m_k+1,k} + \sum_{i=k-m_k+1}^{k} V_{i+1,k} \frac{s_i s_i^T}{s_i^T y_i} V_{i+1,k} \tag{5.28}$$

avec $m_k = \min\{k+1, m\}$ et

$$V_{ik} = \prod_{j=i}^{k} \left(I - \frac{y_i s_i^T}{s_i^T y_i} \right) \tag{5.29}$$

Il s'agit de l'équation (5.24) dans laquelle la matrice W_{k-m+1} a été remplacée par W_0 qui est une matrice positive définie positive qui nécessite peu de place en mémoire, comme par exemple la matrice identité (Nocedal et Wright, 1999). Cette méthode est dite « à mémoire limitée » car seules les m dernières paires de vecteurs $\{(s_k, \, _k), \dots, (s_{k-m+1}, \, _{k-m+1})\}$ sont stockées et utilisées pour le calcul de W_{k+1}. Le choix de m est déterminant pour la qualité de la reconstruction. Si m est choisi nul, l'algorithme devient alors celui de la plus profonde descente. Plus m

est grand, meilleure est l'approximation du Hessien. Le calcul de W est alors plus long, mais un plus petit nombre d'itérations est nécessaire. L'algorithme est alors globalement plus eﬀicace. Cependant, si m est trop grand (de l'ordre de la taille du vrai Hessien), des instabilités apparaissent pour les problèmes mal conditionnés. La vitesse de convergence de la méthode du L-BFGS peut être améliorée en choisissant W_0 le plus proche possible de l'inverse du vrai Hessien.

Hypothèse : critère non convexe

Même si l'algorithme BFGS est très robuste en pratique, nous ne disposons d'aucun résultat de convergence globale pour des critères non convexes. La convergence des itérés générés par les méthodes de quasi-Newton vers un point stationnaire n'est pas prouvée.

5.2.4.2   Le gradient conjugué

Les algorithmes de Quasi-Newton nécessitent une grande place en mémoire pour le stockage de la matrice W. Nous nous sommes donc intéressés aux algorithmes de gradient conjugué pour lesquels seul le gradient est utilisé. Nous présenterons tout d'abord la méthode du gradient conjugué pour des critères quadratiques, puis nous montrerons comment l'adapter aux critères non quadratiques.

Gradient conjugué linéaire

Cette méthode itérative a été développée dans les années 1950 par Hestenes et Stiefel. Elle permet de résoudre les problèmes linéaires de la forme :

$$A x = b \qquad (5.30)$$

où A est une matrice symétrique de taille $n \times n$, définie positive. Ce problème est

92

équivalent à minimiser la fonction quadratique f, définie par :

$$f(x) = b^T x + \frac{1}{2} x^T A x \qquad (5.31)$$

Méthodes à directions conjuguées

La méthode du gradient conjugué est un cas particulier de la famille des méthodes à directions conjuguées qui permet de générer un ensemble de vecteurs ayant pour propriété la conjugaison. Qu'est-ce que la conjugaison ?

Soit une matrice de taille $n \times n$ symétrique définie positive. La famille de vecteurs $(d_0, d_1, ..., d_{n-1})$ est dite A-conjuguée si :

$$d_i^T A d_j = 0 \quad i \neq j \qquad (5.32)$$

 Les vecteurs de cette famille sont linéairement indépendants.

Présentons maintenant le théorème fondamental des méthodes à directions conjuguées.

Théorème 2 Pour tout $x_0 - R^n$ et pour tout ensemble de directions conjuguées $(d_0, d_1, ..., d_{n-1})$, la suite x_k définie par $x_{k+1} = x_k + {}_k d_k$, où ${}_k$ minimise la fonction $f(\cdot)$ selon la direction $x_k + d_k$, converge vers une solution x du système linéaire (5.30) en au plus n itérations.

La fonction $f(\cdot)$ étant quadratique, ${}_k$ s'écrit :

$$
\begin{aligned}
{}_k &= -\frac{r_k^T d_k}{d_k^T A d_k} \\
g_k &= -f(x_k) = A x_k - b
\end{aligned}
\qquad (5.33)
$$

Sans en faire la démonstration, donnons simplement une interprétation de ce résultat :

- Si A est diagonale, une minimisation successive selon les vecteurs de la base canonique conduira à la solution en au plus n itérations (par exemple, si les équipotentielles de $f(\cdot)$ sont des cercles).

- Si A n'est pas diagonale, le changement de base :

$$x = S^{-1}x$$
$$S = [d_0, d_1, ..., d_{n-1}] \tag{5.34}$$

où les d_i sont A-conjugués, permet d'associer au critère $f(\cdot)$, le critère $f(\cdot)$ suivant :

$$f(x) = \frac{1}{2}x^T S^T A S \ x - S^T b^T x \tag{5.35}$$

La matrice $S^T A S$ est alors diagonale et il est possible de minimiser f en au plus n itérations.

La conjugaison présente donc un intérêt certain. Mais comment générer ces directions conjuguées ?

Les vecteurs propres de A possèdent la propriété de A-conjuguaison. Mais leur calcul est coûteux et ils ne sont donc pas retenus en pratique.

Le théorème de Gram-Schmidt permet alors de construire une famille de directions $(d_0, ..., d_{n-1})$ A-conjuguée à partir d'une famille de vecteurs linéairement indépendants $(u_0, ..., u_{n-1})$, de telle sorte que l'espace vectoriel généré par $(d_0, ..., d_{n-1})$ soit identique à l'espace vectoriel généré par $(u_0, ..., u_{n-1})$. Les vecteurs d_i sont successivement calculés de la façon suivante :

$$d_0 = u_0$$
$$d_{i+1} = u_{i+1} + \sum_{k=0}^{i} c_{(i+1)k} d_k \tag{5.36}$$
$$c_{(i+1)k} = -\frac{u_{i+1}^T A d_k}{d_k^T A d_k} \quad k = 0, ..., i$$

d_i est construit à partir de u_i, en soustrayant toutes ses composantes qui ne sont pas A-conjuguées aux vecteurs d précédents. Ceci est illustré sur la Figure 5.1 où u_0 et u_1 sont deux vecteurs linéairement indépendants. Le vecteur u_1 se décompose en deux composantes : u , qui est A-orthogonal (ou conjugué) à d_0, et u^+, qui est parallèle à d_0. Après conjugaison, seule reste la partie A-conjuguée, et $d_1 = u$.

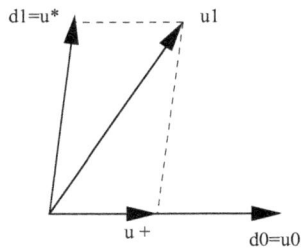

Figure 5.1 Génération de directions conjugués par la méthode de Gram-Schmidt

Le calcul d'une nouvelle direction conjuguée nécessite de garder en mémoire toutes les directions précédentes, ce qui constitue un inconvénient majeur pour les problèmes de grandes dimensions. L'algorithme des gradients conjugués linéaires permet de palier cet inconvénient.

Algorithme des gradients conjugués linéaires

Cette méthode permet le calcul de la direction d_k à partir de la seule direction d_{k-1}. Elle ne nécessite pas la sauvegarde des $d_0, d_1, ..., d_{k-2}$.

Posons $g = u$ et appliquons le théorème de Gram-Schmidt au cas $u_k = -f(x_k)$. Les d_k s'écrivent alors :

$$
\begin{aligned}
d_{k+1} &= -g_{k+1} + {}_k d_k \\
{}_k &= -\frac{g_{k+1}^T A\, d_{k-1}}{d_{k-1}^T A\, d_{k-1}}
\end{aligned}
\qquad (5.37)
$$

95

En pratique, on utilise plutôt l'algorithme présenté dans le Tableau 5.3 car il économise un produit matriciel.

Tableau 5.3 Algorithme du gradient conjugué linéaire

Initialisation :
x_0 donné
$g_0 = f(x_0)$
$d_0 = -g_0$

Itérations :
$$_k = \frac{g_k^T g_k}{d_k^T A \, d_k}$$
$$x_{k+1} = x_k + {}_k d_k$$
$$g_{k+1} = g_k + {}_k A \, d_k$$
$$_k = \frac{g_{k+1}^T g_{k+1}}{g_k^T g_k}$$
$$d_{k+1} = -g_{k+1} + {}_k d_k$$

La méthode du gradient conjugué linéaire converge de façon certaine et converge en au plus n itérations, où n est le nombre d'inconnues.

Redémarrage du gradient conjugué

La méthode du gradient conjugué est une méthode dans laquelle les erreurs d'arrondi peuvent être amplifiées au cours des itérations si le conditionnement de A est très supérieur à 1. Peu à peu les relations de conjugaison de d_k avec les premières directions sont perdues parce qu'en présence d'erreurs d'arrondi les relations d'orthogonalité des gradients ne sont pas vérifiées exactement.

Notons que les erreurs d'arrondi sont mieux contrôlées si on remplace la formule de $_k$ précédente, dite de Fletcher-Reeves (1964), par la formule équivalente, dite de Polak-Ribière (1969) :

$$_k = \frac{g_{k+1}^T (g_{k+1} - g_k)}{g_k^T g_k} \tag{5.38}$$

On peut détecter la présence d'erreurs d'arrondi en regardant si :

$$|g_k^\top g_{k-1}| \geq \ g_k \ ^2 \tag{5.39}$$

avec 0.2 (le membre de gauche devrait être nul normalement). Ce critère est connu sous le nom de critère de redémarrage de Powell. S'il est vérifié pour $k = r$, il est sain de redémarrer la méthode du gradient conjugué en x_r dans la direction opposée au gradient en ce point. La méthode du gradient conjugué avec redémarrage périodique est convergente.

Gradient conjugué non linéaire

Supposons maintenant que le critère G que nous souhaitons minimiser ne soit pas quadratique. Nous devons alors utiliser une version adaptée de l'algorithme présenté ci-dessus. Puisqu'il est ici impossible de trouver une formule générale du pas, ce dernier sera déterminé par recherche linéaire. La structure générale de l'algorithme mis en œuvre est présentée dans le Tableau 5.4. On remarque qu'elle est très similaire à celle du gradient conjugué linéaire présentée dans le Tableau 5.3. Seules les expressions du pas $_k$ et de $_k$ ne sont pas explicites.

Tableau 5.4 Algorithme du gradient conjugué non linéaire (Gilbert, 2000)

Initialisation :
x_0 donné
$g_0 = f(x_0)$
$d_0 = -g_0$
$_0 = \frac{1}{g^\top g}$
Itérations :
calcul du pas $_k$ par recherche linéaire
$x_{k+1} = x_k + {}_k d_k$
calcul de $_k$ (cf. § 5.2.4.2)
$g_{k+1} = f(x_{k+1})$
$d_{k+1} = -g_{k+1} + {}_k d_k$

Fletcher et Reeves ont été les premiers à proposer une m éthode du gradient conjugué non linéaire. Le coecient $_k$ est défini par :

$$FR(k) = \frac{g_{k+1}^T g_{k+1}}{g_k g_k} \qquad (5.40)$$

Cette expression permet de retrouver la formulation de l'algorithme du gradient conjugué linéaire lorsque G est quadratique et que le pas $_k$ est optimal (formulation donnée dans le Tableau 5.3). Al–Baali (1985) a montré qu'une recherche linéaire utilisant les conditions de W olfe fortes génère toujours une direction de descente. Cependant Powell (1977) prouva que cette m éthode pouvait conduire à de très petits déplacements : la performance numérique de la formule de Fletcher–Reeves n'est pas optimale.

Dans le but d'accélérer la convergence, Polak et Ribière ont alors proposé une nouvelle formulation pour $_k$:

$$PR(k) = \frac{(g_{k+1} - g_k)^T g_{k+1}}{g_k g_k} \qquad (5.41)$$

Lorsque G est quadratique, les gradients sont deux à deux orthogonaux et on retrouve bien l'algorithme des gradients conjugués linéaires. Powell (1984) a montré que la m éthode de Polak-Ribière utilisée avec une recherche linéaire exacte peut tourner indéfiniment autour de la solution sans jamais l'atteindre. Cet algorithme est en eet très sensible au choix de la m éthode de recherche de pas. En m ultipliant l'expression de mise à jour de d_{k+1} par g_{k+1}^T, on obtient :

$$g_{k+1}^T d_{k+1} = -g_{k+1}^2 + PR(k) g_{k+1}^T d_k \qquad (5.42)$$

Si la recherche du pas est optimale, $g_{k+1}^T d_{k+1} = 0$ et $g_{k+1}^T d_k < 0$. d_{k+1} est donc bien une direction de descente. Par contre, si la recherche du pas est non optimale, le deuxième terme peut dominer le premier et d_{k+1} n'est plus une direction de descente, même si $G_{k+1} < G_k$. Un redémarrage de la méthode est alors nécessaire.

Afin d'allier les propriétés de convergence de la formule de Flecher–Reeves à la performance numérique de la méthode de Polak–Ribière, Gilbert et Nocedal (1992) proposent une nouvelle formulation de $_k$:

$$_{PR+(k)} = \max (0, \ _{PR(k)}) \tag{5.43}$$

Cette formulation peut être interprétée comme un redémarrage automatique lorsque $_{PR(k)} < 0$. La condition $_{PR(k)} > 0$ est équivalente à $g_k^T g_{k-1} \leq g_k^{\ 2}$. On retrouve une écriture semblable à celle du critère de redémarrage de Powell. Le pas, déterminé par la méthode de Moré et Thuente (1994), satisfait les conditions de Wolfe fortes. La convergence globale de l'algorithme est prouvée pour des fonctions C^1.

5.2.5 Conclusion

Nous avons ici présenté les méthodes utilisant une recherche linéaire. Après une présentation générale de leur principe et des conditions de convergence, nous avons vu deux méthodes en particulier : la méthode L–BFGS, dont la convergence n'est pas assurée pour des critères non quadratiques mais qui nécessite peu de place en mémoire ; et la méthode du gradient conjugué non linéaire, qui converge de façon certaine à condition d'utiliser la formule de Fletcher–Reeves ou de Polak–Ribière positivé pour $_k$ et de choisir un pas $_k$ satisfaisant les conditions de Wolfe fortes.

Il existe une autre famille de fonctions permettant de minimiser un critère : les méthodes à régions de confiance. Un peu plus diciles à mettre en œuvre que les méthodes utilisant une recherche linéaire, elles ont cependant la réputation d'être plus robustes, c'est-à-dire de pouvoir résoudre des problèmes plus diciles, moins bien conditionnés. C'est pour cette raison que nous les avons étudiées.

5.3 M éthodes par régions de confiance

5.3.1 Présentation générale

Les méthodes de type région de confiance cherchent à réduire le critère G en considérant d'une part, un modèle M_k de G autour du point $_k$ et d'autre part, un voisinage dans lequel nous espérons que notre modèle est une bonne représentation de G. Ce voisinage de $_k$ est appelé la région de confiance. En chaque itéré $_k$, un modèle approchant le critère dans une région centrée sur $_k$ est donc construit. Cette région est définie par :

$$B_k = \{ \,_k + p - R^n \, \triangleright \leq \Delta_k \} \qquad (5.44)$$

où Δ_k est appelé le rayon de la région de confiance. Ces méthodes calculent un pas candidat p_k qui fournit une réduction susante de la valeur du modèle et tel que $_k + p_k$ appartienne à B_k. La direction et la longueur du pas sont ici choisies simultanément, contrairement aux méthodes utilisant une recherche linéaire.

Il faut ensuite décider si le point candidat est acceptable ou pas. Cela est réalisé en comparant la réduction prédite par le modèle, $M_k(\,_k) - M_k(\,_k + p_k)$, et la réduction réelle $G_k(\,_k) - G_k(\,_k + p_k)$. Si le quotient :

$$_k = \frac{G_k(\,_k) - G_k(\,_k + p_k)}{M_k(\,_k) - M_k(\,_k + p_k)} \qquad (5.45)$$

est proche de un, cela signifie que les progrès obtenus pour le modèle se répercutent sur le critère. Si ce quotient est susamment positif, le nouvel itéré $_{k+1}$ est le point candidat $_k + p_k$ et le rayon de la région de confiance est agrandi. Sinon, le modèle n'est pas une bonne représentation de G dans la région de confiance actuelle. Le point candidat est rejeté et le rayon de la région de confiance réduit dans l'espoir que le modèle fournira une meilleure approximation de G dans cette région réduite. Comme les méthodes utilisant une recherche linéaire, les méthodes par région de confiance produisent des solutions locales, c'est-à-dire qu'elles assurent la relation (5.3).

Le modèle le plus utilisé est le modèle quadratique. Au point courant $_k$, G ($_k$ + p) est approché par :

$$G (_k + p) \quad G (_k) + g_k^T p + \frac{1}{2} p^T H_k p \qquad (5.46)$$

où g_k est le gradient du critère G au point $_k$. H $_k$ est une matrice symétrique qui peut être le Hessien de G en $_k$ ou une approximation de celui-ci. Posons :

$$_k (p) = g_k^T p + \frac{1}{2} p^T H_k p \qquad (5.47)$$

Le sous-problème à résoudre s'écrit alors :

$$\min \ _k (p)$$
$$p \ \leq \ \Delta_k \qquad (5.48)$$

Pour résumer ce qui précède, nous avons décrit de manière précise une itération de la méthode à régions de confiance (Tableau 5.5).

Nous étudions maintenant les conditions que doit vérifier p_k pour être solution du sous-problème (5.48) et les propriétés de convergence des algorithmes à régions de confiance.

Tableau 5.5 Algorithme utilisant les régions de confiance

Test de convergence :
  si $G(\theta_k) = 0$, arrêt de l'algorithme.

Calcul du déplacement p_k :
  1- On calcule une solution approchée p_k du sous-problème.
  2- On calcule le rapport entre la décroissance réelle du critère G et
  la décroissance prédite par le modèle : $\rho_k = \dfrac{G(\theta_k) - G(\theta_k + p_k)}{-\psi_k(p)}$
  3- Si $\rho_k \leq \eta_1$, avec $0 < \eta_1 < 1$ la concordance locale entre le modèle
  et le critère est considérée non satisfaisante. On retourne alors à l'étape 2
  après avoir réduit Δ_k.

Itéré suivant :
  $\theta_{k+1} = \theta_k + p_k$

Mise à jour de Δ_k :
  Si $\rho_k \leq \eta_2$, avec $0 < \eta_1 < \eta_2 < 1$, on choisit Δ_{k+1} tel que $\Delta_{k+1} \leq \Delta_k$.
  Sinon on choisit $\Delta_{k+1} > \Delta_k$.

Mise à jour du modèle :
  calcul de g_{k+1} et H_{k+1}.

5.3.2   Tests d'arrêt pour le sous-problème

La fonction ψ_k présente un minimum global (ou point de Newton) dans B_k seulement si H_k est définie positive. Le point de Newton est alors défini par :

$$p_k^N = -H_k^{-1}g_k \tag{5.49}$$

Pour être solution du sous-problème (5.48), il doit de plus se situer dans la région de confiance. Ceci est rarement le cas. Examinons donc plus en détail les conditions d'arrêt pour le sous-problème (5.48). Nous présenterons ici deux d'entre elles.

On appelle point de Cauchy du sous-problème (5.48), le point p_k^C solution de :

$$
\begin{aligned}
&\min\ g^T p + \tfrac{1}{2}p^T H\,p\\
&p \le \Delta_k\\
&p = -\tau g_k,\quad \tau \ge 0
\end{aligned}
\tag{5.50}
$$

C'est donc le point minimisant ψ_k dans la région de confiance, le long de la droite de plus forte pente de ψ_k. Pour ψ_k quadratique, le point de Cauchy est unique et est donné par (Gilbert, 2000) :

$$
p_k^C = \begin{cases}
0 & \text{si } g_k = 0\\[4pt]
-\dfrac{\Delta_k}{\|g_k\|}g_k & \text{si } g_k \ne 0 \text{ et } g_k^T H_k g_k \le 0\\[6pt]
-\min\left(\dfrac{\Delta_k}{\|g_k\|},\dfrac{\|g_k\|^2}{g_k^T H_k g_k}\right)g_k & \text{sinon}
\end{cases}
\tag{5.51}
$$

Le point de Cauchy p_k^C vérifie la condition de Powell suivante avec $p_k = p_k^C$ et $C = \tfrac{1}{2}$:

$$\psi_k(p_k) \le -Cg_k \times \min\left(\Delta_k,\dfrac{\|g_k\|}{\|H_k\|}\right) \tag{5.52}$$

Celle-ci joue le même rôle que la condition de Zoutendijk pour les méthodes à direction de descente : elle résume la contribution de la méthode de détermination du pas à la convergence de l'algorithme.

La première condition d'arrêt est la suivante. Soient $_1$ et $_2$ deux constantes positives. On dit que (5.48) est résolu en p_k avec une condition de décroissance susante si :

$$_k (p_k) \leq \quad _1 \quad _k (p_k^C)$$
$$\| p \|_k \leq \quad _2 \Delta_k \tag{5.53}$$

Un point p_k vérifiant la condition de décroissance susante (5.53) vérifie également la condition de Powell avec $C = _1/2$. Comme nous le verrons dans le paragraphe suivant, la condition de décroissance susante permet d'avoir la convergence de l'algorithme.

La seconde condition d'arrêt est la suivante. Soient $_1$ et $_2$ deux constantes vérifiant $0 < _1 < 1$ et $0 < _2$. On dit que (5.48) est résolu en p_k avec une condition de décroissance forte si :

$$_k (p_k) \leq \quad _1 \quad _k$$
$$\| p \|_k \leq \quad _2 \Delta_k \tag{5.54}$$

où $_k = \min\{ _k (p) : \| p \| \leq \Delta_k \}$. Cette condition est plus forte que la condition de décroissance susante. En particulier, elle implique également la condition de Powell.

5.3.3 Propriétés de convergence

Étudions les propriétés de convergence des méthodes à régions de confiance. Rappelons l'approximation adoptée pour G en $_k$:

$$G (_k + p) \quad G (_k) + g_k^T p + \frac{1}{2} p^T H_k p \tag{5.55}$$

Chapitre 5 : Techniques de minimisation

Dans un premier temps, nous considérerons le cas où le modèle est du premier ordre. La seule contrainte imposée à H_k est de former une suite bornée. Nous étudierons ensuite les modèles du second ordre dans lesquels H_k est égal au Hessien de G en k.

5.3.3.1 Convergence avec modèle du premier ordre

On note :

$$N_1 = \{ \quad R^n | G () \leq G (_1)\} \tag{5.56}$$

où $_1$ est le premier itéré.

Théorème 3 (Gilbert (2000)) Supposons que G soit bornée inférieurement et de classe C^1 sur un ouvert contenant N_1. Si dans la méthode à régions de confiance, $\{H_k\}$ est bornée et la solution approchée p_k du sous-problème (5.48) vérifie les conditions de décroissance susante (5.53), alors :

• soit il y a échec d'une itération k_0 en un point $_{k_0}$ où $G (_{k_0}) = 0$,
• soit

$$\liminf_{k \to \infty} g_k = 0 \tag{5.57}$$

Dans la première situation, l'algorithme boucle en un point où le gradient est nul, ce qui ne correspond pas forcément à un minimum. On ne peut pas obtenir de meilleur résultat avec un modèle du premier ordre.

Remarque :
Comparons les conditions de convergence entre les méthodes à directions de descente et les méthodes à régions de confiance. Pour obtenir la convergence des premières, on est toujours amené à montrer que les suites $\{H_k\}$ et $\{H_k^{-1}\}$ sont bornées.

Pour les méthodes à régions de confiance, aucune hypothèse sur H_k^{-1} n'est nécessaire, seul le comportement de H_k importe. En particulier, H_k peut être singulière ou nulle. Cette propriété contribue à leur robustesse.

5.3.3.2 Convergence avec modèle du second ordre

On suppose que le critère G est deux fois continûment dérivable et que son Hessien est calculé.

On suppose également que le modèle $_k$ est du second ordre, c'est-à-dire que :

$$H_k = {}^2G(_k) \tag{5.58}$$

Théorème 4 (Gilbert (2000)) Supposons que G soit bornée inférieurement, de classe C^2 sur un ouvert contenant N_1 et que son Hessien soit borné sur N_1. On suppose que $H_k = {}^2G(_k)$ pour la méthode à régions de confiance et que la solution approchée p_k du sous-problème (5.48) vérifie la condition de décroissance forte (5.54). Alors il y a soit échec d'une itération k_0 en un point $_{k_0}$ vérifiant les conditions nécessaires d'optimalité du second ordre (G($_{k_0}$) = 0 et ${}^2G(_{k_0})$ est semi-définie positive), soit une suite {$_k$} est générée et :

• on a :

$$\lim_{k \to \infty} g_k = 0$$

• si {$_k$} est bornée, alors {$_k$} a au moins un point d'adhérence $^-$ tel que ${}^2G(\bar{})$ soit semi-définie positive.

• si $^-$ est un point d'adhérence isolé de {$_k$}, alors ${}^2G(\bar{})$ est semi-définie positive.

On montre aussi (Gilbert, 2000) que si {$_k$} a un point d'adhérence où le Hessien est défini positif alors toute la suite converge vers ce point.

Remarque :

Ces bons résultats sont à comparer avec ceux des méthodes à directions de descente qui, sans l'utilisation de directions à courbure négative, ne peuvent trouver que des points stationnaires. Que le modèle soit du premier ou du second ordre et que le critère soit convexe ou non, la convergence d'un algorithme avec régions de confiance vers un point stationnaire est assurée au sens de la relation (5.57).

5.3.4   Calcul du déplacement

L'efficacité globale de la méthode dépend en pratique de la méthode locale utilisée pour calculer un pas p_k satisfaisant (Orban, 2004). Les deux méthodes les plus couramment utilisées sont la méthode du gradient conjugué et la méthode de Lanczos (Conn et al., 2000; Nocedal et Wright, 1999). Ces deux méthodes effectuent une recherche dans des sous-espaces emboîtés de dimension strictement croissante et se terminent en un nombre fini d'itérations. L'algorithme s'arrête soit en une solution, soit à un stade où l'on peut décider que la méthode ne peut pas trouver de solution. La méthode du gradient conjugué, conçue pour chercher un *minimum local* d'une quadratique semi-définie positive, commence sa recherche au point de Cauchy mentionné plus haut et poursuit le long de directions conjuguées jusqu'à ce que :

1. la frontière de la région de confiance soit rencontrée. On arrête alors la recherche et on parle de gradient conjugué tronqué ; le point ainsi trouvé porte le nom de point de Steihaug-Toint ;

2. une direction de courbure négative soit rencontrée, auquel cas la méthode du gradient conjuguée échoue. Un point situé sur la frontière et la droite définie par le point courant et la direction de descente, pourrait cependant constituer une solution ;

3. la méthode se termine avec succès avant d'avoir rencontré la frontière de la région de confiance.

Le cas 2 est éliminé de manière naturelle dans la méthode de Lanczos qui procède de manière similaire tout en étant capable de manipuler des directions de courbure négatives.

Ces méthodes présentent de très bonnes qualités de convergence, cependant les temps de calculs peuvent être très importants pour les problèmes denses. Les matrices H_k utilisent trop de place en mémoire et ralentissent les calculs. Le lecteur intéressé trouvera les développements mathématiques dans les ouvrages de Conn et al. (2000) et Nocedal et Wright (1999).

5.4   Conclusion

Nous venons de voir qu'il existe de nombreuses méthodes de minimisation. De façon générale, l'utilisation des régions de confiance est assez lente pour les problèmes denses. Les algorithmes du gradient conjugué avec recherche linéaire et L-BFGS pourraient être plus rapides.

La convergence de la méthode L-BFGS n'est cependant pas démontrée dans le cas où le critère est non convexe, et l'algorithme du gradient conjugué non linéaire converge vers un point où le gradient s'annule (qui peut être un minimum, un maximum, ou aucun des deux).

De plus, le problème de reconstruction tomographique auquel nous sommes confrontés est contraint. Toutes les composantes de   recherchées doivent être positives. Une composante négative n'aurait en effet aucun sens physique puisqu'il correspond à un coefficient d'atténuation. Nous devons alors intégrer la contrainte   > 0 à la minimisation du critère.

Il s'agit alors de déterminer $_{min}$, solution du problème (P) suivant :

$$(P) : \quad \begin{array}{l} G(\ _{min}) = \min\ G() \\ > 0 \end{array} \tag{5.59}$$

5.5 Minimisation sous contrainte

5.5.1 Algorithme L-BFGS-B

L'objectif de l'algorithme L-BFGS-B est de résoudre des problèmes de la forme :

$$\begin{array}{l} G(\ _{min}) = \min\ G() \\ l \leq\ \leq u \end{array} \tag{5.60}$$

où G est une fonction non linéaire à n variables, et les vecteurs l et u représentent les bornes inférieures et supérieures des variables. Cet algorithme est une extension de la méthode L-BFGS. Il est décrit en détail dans l'article de Byrd et al. (1995). Nous ne présenterons ici que les traits caractéristiques de la méthode.

À chaque itération, une approximation L-BFGS du Hessien de G est calculé. Cette matrice est ensuite utilisée pour définir une approximation quadratique de G. Deux étapes sont nécessaires pour déterminer la direction de descente : la méthode de projection du gradient (Bertsekas, 1982; Levintin et Poliak, 1966) permet tout d'abord de sélectionner les variables qui n'atteindront pas leurs bornes, le modèle quadratique est ensuite minimisé par rapport à ces variables. Une recherche linéaire de Moré et Thuente (1994) permet enfin de calculer la longueur du pas le long de cette direction de recherche.

Cette méthode présente les avantages suivants :

- la matrice du Hessien n'est pas calculée, ce qui permet de diminuer le temps de reconstruction,
- la place m émoire nécessaire est modeste et peut être contrôlée par l'utilisateur,
- le coût d'une itération est faible et indépendant des caractéristiques de la fonction G .

L'algorithme L-BFGS-B est donc recommandé pour les problèmes de grande taille pour lesquels le Hessien est dicile à calculer ou à factoriser. Cependant :

- la convergence est lente,
- la solution obtenue pour des problèmes mal conditionnés, comme c'est ici notre cas, n'est pas toujours de bonne qualité.

Afin d'assurer une reconstruction rapide et de bonne qualité, nous nous sommes intéressés à des m éthodes n'utilisant pas de projection du gradient pour le calcul de la direction de descente.

5.5.2 P énalisation logarithmique

Cette m éthode est notamment présentée par Gilbert (2000); Bertsekas (1999) et Nocedal et W right (1999). Afin de garder toutes les composantes de   positives, nous pouvons ajouter une fonction de pénalisation au critère que nous voulons minimiser. On appelle potentiel logarithmique la fonction strictement convexe définie sur R^{L^2} par :

$$( ) = - \sum_{i=1}^{L^2} \log(_i) \tag{5.61}$$

Nous recherchons alors , minimum du nouveau critère G_{new} définit par :

$$G_{new} () = G ( ) - c \sum_{i=1}^{L^2} \log(_i) \tag{5.62}$$

110

Le potentiel logarithmique agit comme une « barrière », empêchant les composantes de   d'être négatives. Une fois le minimum de G_{new} déterminé, la valeur du scalaire c est diminuée, puis l'opération de minimisation réitérée. c est ainsi décrémenté jusqu'à atteindre la valeur 0, pour laquelle on obtiendra le minimum de G. Cette méthode permet de transformer le problème en un problème sans contrainte.

Il présente cependant l'inconvénient suivant : si le minimum $_{min}$ est situé trop près de la barrière,   prend des valeurs négatives lorsque la valeur de c devient trop faible. Nous nous sommes tournés vers un changement de variable.

5.5.3 Changement de variable

Une autre méthode permettant de s'assurer de la positivité de   est d'effectuer un changement de variable. Pour tout i appartenant à $[[1 : L^2]]$, on pose :

$$_i = f(_i) \tag{5.63}$$

où f est une fonction C^1 définie de R dans R_+, inversible et convexe.

Nous recherchons alors $_2$ qui minimise le critère G. La valeur du gradient du critère par rapport à $_2$ s'écrit :

$$\begin{pmatrix} \partial G/\partial_1 \\ \vdots \\ \partial G/\partial_{L^2} \end{pmatrix} = \begin{pmatrix} \partial G/\partial_1 \\ \vdots \\ \partial G/\partial_{L^2} \end{pmatrix} .\times \begin{pmatrix} \partial_1/\partial_1 \\ \vdots \\ \partial_{L^2}/\partial_{L^2} \end{pmatrix} \tag{5.64}$$

où l'opérateur « .× » désigne le produit terme à terme de deux vecteurs.
Dennis et Schnabel (1996) ont montré que les changements de variable ainsi définis n'affectaient pas les propriétés de convergence des algorithmes.

Chapitre 5 : Techniques de minimisation

Afin de ne pas introduire d'information a priori sur l'image, nous recherchons une fonction f qui pénalise autant les petites que les grandes valeurs de . Nous nous sommes intéressés aux fonctions $L_2 L_1$ (Idier, 2000) qui réalisent un bon compromis entre le coût des calculs et les diérences de pénalisation entre faibles et fortes valeurs, comme nous l'avons vu au chapitre 3. Une fonction souvent utilisée est la branche d'hyperbole :

$$f(u) = \sqrt{u^2 + {}^2} - \quad , \quad > 0 \tag{5.65}$$

Pour u petit, $f(u) \quad \frac{u^2}{2}$.

Pour u grand, $f(u) \quad u$.

L'idéal serait de choisir très petit pour que f ait un comportement linéaire presque partout. Elle serait alors comparable à la fonction valeur absolue. Cependant, la solution du problème d'inversion devient alors instable numériquement car f doit rester dérivable en 0. sera donc choisi de façon à réaliser un bon compromis entre linéarisation uniforme et stabilité numérique.

CHAPITRE 6

MÉTHODE PROPOSÉE ET RÉSULTATS OBTENUS

6.1 Introduction – Rappel des objectifs

Notre objectif est de réaliser un bon compromis entre la qualité des reconstructions tomographiques (qui facilitera le diagnostic médical) et les temps de reconstruction. L'amélioration de la qualité des images permettra, par exemple, à un médecin de suivre l'évolution des calcifications et des sténoses dans les artères. Nous nous sommes particulièrement attachés à la réduction des artéfacts métalliques, ce qui améliorera le suivi médical des patients ayant subi la pose d'un stent. Un temps de calcul faible rendra le diagnostic plus rapide.

Dans les chapitres précédents, nous avons modélisé le processus de formation des données puis présenté diérents algorithmes de reconstruction. Nous en avons conclu que la réduction des artéfacts métalliques passait par la prise en compte du caractère polychromatique des rayons X. L'approche statistique adoptée par De Man et Elbakri paraît la plus ecace (cf. chapitre 4). Ce point de vue conduit à la formulation d'un critère qu'il faut minimiser, nous avons donc fait un tour d'horizon des méthodes de minimisation. Nous allons maintenant présenter deux méthodes de reconstruction originales et les tester.

Chapitre 6 : Méthode proposée et résultats obtenus

6.2 M éthode proposée

6.2.1 M o dèle de formation des données

Le chapitre 2 était en partie consacré à l'étude des phénomènes physiques jouant un rôle dans la formation des données. Diérentes hypothèses simplificatrices peuvent alors être adoptées. Leurs eets ont été étudiés dans les chapitres 3 et 4. Afin de réaliser un bon compromis entre la qualité de la reconstruction et la simplicité de mise en œuvre, nous adopterons les hypothèses suivantes :

- les rayons X émis sont infiniment fins et polychromatiques. En eet, l'hypothèse d'une source monochromatique ne permet pas de réduire les artéfacts m étalliques (cf. chapitre 3) ;

- le nombre de photons émis par la source pour un rayon est une variable aléatoire de distribution de P oisson de paramètre N $_0$. L'approche déterministe ne permet pas de tenir compte du bruit et la solution peut être non robuste (cf. chapitre 4) ;

- le processus d'atténuation est de Bernoulli. Le nombre moyen de photons émergeants est donné par l'équation de Beer-Lambert. Au niveau microscopique, les rayons X sont atténués sous l'eet combiné de la diraction (eet Compton) et de l'absorption (eet photoélectrique). Ces deux phénomènes sont de nature statistique. Cette hypothèse, adoptée par De Man et Elbakri, a permis d'obtenir des reconstruction de bonne qualité (cf. chapitre 4) ;

- les détecteurs sont parfaits. Cette hypothèse est suggérée par la très bonne e-cacité des détecteurs actuellement utilisés (cf. chapitre 1).

Le système complet de production de rayons X, d'atténuation et de détection sera donc mo délisé par une variable aléatoire de P oisson. Nous adoptons ici une des-cription statistique des phénomènes physiques.

6.2.2 Formulation mathématique de la mise à jour de l'image reconstruite

En adoptant les mêmes notations que dans les chapitres précédents, les hypothèses
ci-dessus nous permettent d'exprimer la fonction de vraisemblance logarithmique
sous la forme (cf. paragraphe 4.4) :

$$L(\mu) = \sum_{i=1}^{N} y_i \ln \left[\sum_{k=1}^{K} b_k e^{-[A\mu_k]_i} + r_{ik} \right] - \left[\sum_{k=1}^{K} b_k e^{-[A\mu_k]_i} + r_{ik} \right] - \ln(y_i!)$$

Reconstruire l'image tomographique, c'est trouver les $K \times L^2$ coefficients linéiques
d'atténuation μ_{ik} qui maximisent L. Nous adoptons pour cela la même démarche
que De Man et Elbakri : après avoir réduit le nombre d'inconnues du problème,
nous minimiserons le critère nouvellement défini.

Commençons par réduire le nombre d'inconnues. Nous utilisons pour cela la même
modélisation que De Man, celle de Elbakri n'ayant pas été testée pour des objets
métalliques. Les coefficients d'atténuation μ_{jk} sont la somme de deux termes : le
premier, $\Phi_j(\mu_{70}) \times \theta_k$, décrit l'effet photoélectrique et le second, $\Theta_j(\mu_{70}) \times \psi_k$, décrit
l'effet Compton.

$$\mu_{jk} = \theta_k \times \Phi_j(\mu_{70}) + \psi_k \times \Theta_j(\mu_{70}) \tag{6.1}$$

μ_{70} désigne le vecteur des coefficients d'atténuation à 70 keV. θ_k et ψ_k sont des
scalaires connus pour tout niveau d'énergie k : équations (4.15) et (4.16). De Man
a exprimé les variables Φ_j et Θ_j en fonction de μ_{70}. Nous préférons exprimer la
variable Θ_j en fonction de Φ_j qui est relié à l'effet photoélectrique, seul phénomène
d'intérêt lors de la formation de l'image tomographique. D'après les recherches de
De Man, il existe $\alpha_j \in \mathbb{R}$ et $\beta_j \in \mathbb{R}$ tels que, pour tout j, entier appartenant à
l'intervalle $[1, L^2]$:

$$\Theta_j = \alpha_j \Phi_j + \beta_j \tag{6.2}$$

115

Les coecients $_i$ et $_j$ sont déterminés en utilisant la courbe 4.2, définie au chapitre 4. Les nouvelles inconnues du problème sont donc les $_j$.

Le critère L s'écrit alors :

$$L() = \sum_{i=0}^{N} - \sum_{k=1}^{K} b_{ik} e^{- _k [A \quad]_i - _k [A (+ \quad)]_i} + r_{ik}$$

$$+ y_i \ln \left[\sum_{k=1}^{K} b_{ik} e^{- _k [A \quad]_i - _k [A (+ \quad)]_i} + r_{ik} \right] - \ln(_i!) \quad (6.3)$$

Reconstruire l'objet scanné revient à chercher qui maximise le critère L. Nous souhaitons maximiser directement L, sans utiliser de fonction-substitut, afin de conserver de bonnes propriétés de convergence.

6.2.3 Étude de la convexité du critère −L

Afin de mettre en œuvre un algorithme ecace pour minimiser $- L$, nous devons caractériser le critère. Possède-t-il des minima locaux ? Le minimum global est-il encaissé dans une vallée ? Pour répondre à cette question, nous avons calculé le Hessien du critère $- L$ (cf. annexe I). Nous ne sommes pas parvenus à dégager les caractéristiques du critère de façon analytique (la matrice est-elle définie positive ?). Nous utilisons donc la simulation. Nous avons simulé la tomographie d'un objet constitué d'un noyau en Nitinol entouré de tissu mou, de taille 15 pixels × 15 pixels (Figure 6.1). Il est caractérisé par le vecteur des coecients d'atténuation $_{vrai}$. Le bruit est supposé nul.

Le vecteur est de dimension 15 × 15 = 225. Le critère L est donc une application de R^{225} dans R. Il est alors impossible de visualiser toutes les valeurs de L sur un graphe en deux dimensions. Nous n'achons donc que les valeurs du critère calculées le long de droites définies par deux points $_1$ et $_2$.

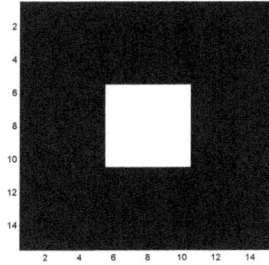

Figure 6.1 Simulation : objet scanné constitué de fer entouré de tissu mou

La direction D_1 est définie par $_1 = {}_{vrai}$ et $_2 = 1$; la direction D_2 par $_1 = {}_{vrai}$ et $_2 = 0$; la direction D_3 par $_1 = {}_{vrai}$ et $_2 = {}_{tissu-mou}1$ et la direction D_4 par $_1 = {}_{vrai}$ et $_2 = {}_{nitinol}1$. (fig. 6.2).

Le critère L () paraît le présenter qu'un seul minimum (il est dit unimodal) mais le minimum est situé dans une vallée. La convexité du critère n'est pas prouvée. La minimisation s'annonce donc dicile.

6.2.4 Régularisation

Afin d'améliorer le conditionnement du problème, nous adoptons la même démarche que De Man et Elbakri en régularisant le critère. Ce dernier s'écrit alors :

$$G () = -L ( ) + R () \tag{6.4}$$

où R () est la fonction de régularisation représentant les connaissances sur les diérents paramètres à intégrer, pondérée par un scalaire .

117

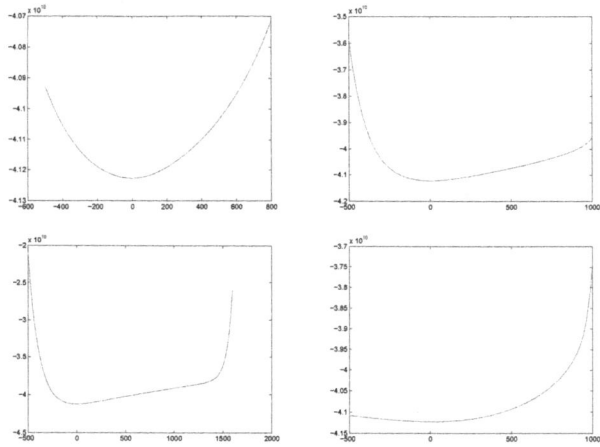

Figure 6.2 Simulations : (de haut en bas et de gauche à droite) valeurs du critère sur les directions D_1, D_2, D_3 et D_4.

Dans notre problème, nous supposons a priori que les valeurs voisines de l'image reconstruite sont soit égales, soit très diérentes. Pour les raisons énoncées au chapitre 2, nous utilisons une fonction L_2L_1, et plus précisément la branche d'hyperbole car elle présente l'avantage d'être continûment dérivable, contrairement à la fonction de Hubert choisie par De Man et Elbakri. Les calculs et la mise en œuvre seront ainsi facilités. La fonction R () est alors définie par :

$$R(\ ) = \frac{1}{2} \sum_{jI\ \ vV_j} w_{jv}R(\ _j - \ _v)$$

$$\text{avec } R(u) = \sqrt{\ _r^2 + u^2} - \ _r \ , \quad \ _r > 0 \tag{6.5}$$

Avec :

$$w_{jv} = \begin{cases} 1 & \text{pour les voisins situés sur l'horizontale et la verticale} \\ \frac{1}{\sqrt{2}} & \text{pour les voisins situés sur les diagonales} \end{cases} \tag{6.6}$$

$_j$ représente la composante j du vecteur , pour tout réel $_j$ appartenant à l'image I . I est égal à l'intervalle $[1; L^2]$, où L est la longueur du côté de l'image. $_v$ représente la composante v du vecteur , pour tout réel $_v$ appartenant à V_j qui représente le voisinage du pixel j. Les voisinages les plus souvent utilisés sont ceux du premier ordre et du second ordre. Dans le premier cas, le voisinage ne contient que les quatre pixels adjacents alors que dans le second cas, il contient les huit pixels les plus proches. Nous utilisons un voisinage du second ordre. La valeur du coecient de régularisation , et celle du paramètre d'échelle $_r$ seront fixées empiriquement de façon à minimiser l'erreur quadratique moyenne sur l'image reconstruite.

6.2.5 Contrainte de positivité

Nous devons également assurer la positivité de chacune des composantes de la solution. Pour les raisons développées au chapitre 5, nous eectuons le changement de variable suivant :

$$f() = \overline{^2 + {}^2} - \quad, \quad > 0 \tag{6.7}$$

^{2} signifie que chaque terme de est élevé au carré. De même, $\sqrt{v}$ signifie que l'on calcule la racine de chaque terme de v, pour tout vecteur v.

6.2.6 Techniques de minimisation mises en œuvre

Décrivons ici les algorithmes que nous avons utilisés pour minimiser la fonction G définie par :

$$G() = -L() + R() \tag{6.8}$$

Deux techniques ont été mises en œuvre : la méthode du gradient conjugué non linéaire et la méthode BFGS à mémoire limitée (L-BFGS). Les développements mathématiques ayant été abordés au chapitre 5, nous rappelons ici simplement leur structure.

Gradient conjugué non linéaire : sa structure est présentée dans le Tableau 6.1

Le calcul du gradient G() est donné en annexe I. Nous prendrons pour expression de $_k$:

$$_k = \max\left(0, \frac{(g_{k+1} - g_k)^T g_{k+1}}{g_k g_{k+1}}\right) \tag{6.9}$$

Nous avons en eet vu au chapitre 5 que cette formulation conserve à la fois

120

Tableau 6.1 Algorithme du gradient conjugué non linéaire (Gilbert, 2000)

Initialisation :

x_0 donné

$g_0 = G(x_0)$

$d_0 = -g_0$

$p_0 = \frac{1}{g^T g}$

Itérations :

calcul du pas p_k par recherche linéaire

$x_{k+1} = x_k + p_k d_k$

calcul de β_k

$g_{k+1} = G(x_{k+1})$

$d_{k+1} = -g_{k+1} + \beta_k d_k$

de bonnes propriétés de convergence et une bonne stabilité numérique. Afin de déterminer un pas p_k qui satisfasse les conditions de Wolfe fortes, nous utilisons l'algorithme de Moré et Thuente (1994) pour la recherche linéaire car il est robuste et fournit une réponse rapide. L'algorithme de minimisation est alors globalement convergent.

Méthode L-BFGS : la structure de l'algorithme L-BFGS est rappelée dans le Tableau 6.2.

Seules les P dernières paires de vecteurs $\{(s_k, \gamma_k), ..., (s_{k-P+1}, \gamma_{k-P+1})\}$ sont stockées et utilisées pour le calcul de W_{k+1}. Nous retiendrons P = 15 pour des images de taille 63×63 pixels. Cette valeur permet un bon compromis entre l'efficacité de l'algorithme et la stabilité de la solution. La recherche linéaire utilisée pour le calcul du pas p_k est celle proposée par Moré et Thuente (1994). Puisque le critère G n'est pas convexe, la convergence des itérés vers un point stationnaire n'est pas prouvée. On observe cependant de bons résultats en pratique.

Il est possible de pré-conditionner ces méthodes afin d'accélérer leur vitesse de convergence. Comme nous ne sommes pas parvenus à trouver une matrice de condi-

Tableau 6.2 Algorithme L-BFGS (Gilbert, 2000)

Initialisation : démarrage à froid
   x_0 donné
   $W_1 = I$
   $d_0 = -g_0$

Itérations :
   recherche du pas $_k$ par recherche linéaire
   $_{k+1} = {}_k + p_k d_k$
   $s_k = {}_{k+1} - {}_k$
   $_k = g_{k+1} - g_k$
   si $k=2$:

$$W_2 = \left(I - \frac{s_k {}_k^T}{{}_k^T s_k}\right)\left(-\frac{{}_1^T s_1}{{}_1^T {}_1} I\right)\left(I - \frac{{}_k s_k^T}{{}_k^T s_k}\right) + \frac{s_k s_k^T}{{}_k^T s_k}$$

   sinon,

$$W_{k+1} = \left(I - \frac{s_k {}_k^T}{{}_k^T s_k}\right) W_k \left(I - \frac{{}_k s_k^T}{{}_k^T s_k}\right) + \frac{s_k s_k^T}{{}_k^T s_k}$$

   $d_{k+1} = -W_{k+1} g_{k+1}$

tionnement ecace, nous utilisons la matrice identité. En pratique, nous n'utilisons donc pas de pré—conditionnement.

6.3 Simulations et discussion

Notre principal objectif dans la reconstruction d'images tomographiques est d'améliorer le compromis entre le temps de reconstruction et la qualité de l'image obtenue. Nous avons donc comparé les temps de calcul et la qualité des reconstructions obtenues par les méthodes présentées ci-dessus, avec les résultats obtenus par la méthode FBP de reconstruction classique que l'on trouve mise en œuvre commercialement dans les tomographes. Nous avons pour cela utilisé des données simulées, l'objectif étant dans un premier temps de valider la méthodologie adoptée. Les tests sur des données réelles sortent ici du cadre de notre travail mais seront eectués ultérieurement pour compléter les résultats des simulations. Nous présentons tout d'abord le simulateur que nous avons utilisé, puis les tests que nous avons réalisés.

6.3.1 Simulateur

Le simulateur a été mis en œuvre sur un ordinateur possédant 4 Go de mémoire vive, un processeur Intel, Pentium IV de 3 GHz. Il a été codé en langage Matlab, avec des fichiers de type mex-files, permettant de diminuer en partie les temps de calcul. Nous allons maintenant décrire chacun des modules du simulateur.

6.3.1.1 Simulation de l'objet scanné

L'objet simulé est discrétisé. La matrice $_{vrai}$ le définissant est de taille $L \times L$, L pouvant varier entre 31 et 255. L'objet est défini comme une superposition d'objets ou calques. Le premier calque constitue l'arrière-plan, les suivants définissent les objets de base composant le corps à imager. Chaque calque est dessiné à l'aide du logiciel « Icon Editor » et est enregistré au format Bitmap. Ce procédé est très souple d'utilisation : le dessin est aisé et les images peuvent être modifiées sans une redéfinition complète. Chaque objet est une cartographie des coecients d'atténuation pour chacun des niveaux d'énergie considérés. Les coecients d'atténuation des diérents tissus utilisés sont consignés en annexe II.

6.3.1.2 Simulation de la source de rayons X

Comme nous l'avons vu au chapitre 2, la source de rayons X est polychromatique. Elle est discrétisée en K niveaux d'énergie. De Man et al. (1998) ont montré par comparaison avec des données réelles que la valeur K = 5 constituait un bon compromis entre le volume de calcul et la précision de la modélisation de la source. Nous adoptons donc cette valeur (Figure 6.3). Les niveaux d'énergie considérés sont : 40 keV, 60 keV, 70 keV, 80 keV et 110 keV.

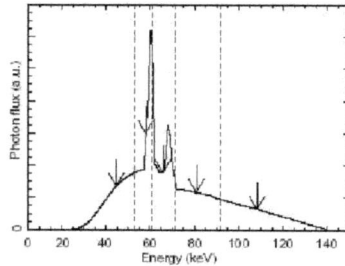

Figure 6.3 Mesures du spectre du faisceau de rayons X incident (en trait plein) et simulation (flèches) (Man et al., 1998)

Le faisceau de rayons X émis est composé de rayons parallèles infiniment fins, comme présenté sur la Figure 6.4.

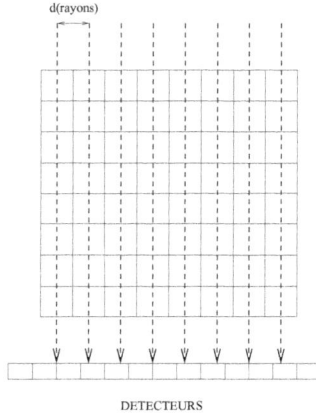

Figure 6.4 Simulation du faisceau de rayons X à géométrie parallèle

Nous simulons la tomographie en deux dimensions. La troisième dimension, perpendiculaire à la tranche scannée, n'est pas prise en compte. Il est possible de faire varier le nombre de photons émis b_{lk} pour chaque rayon à chaque niveau d'énergie, le nombre de projections N_p et le nombre de rayons X par projection N_x, afin d'en mesurer les effets sur la reconstruction d'image. Par défaut, nous prendrons $b_{lk} = \frac{10^7}{5}$ photons (Guan et Gordon, 1996), $N_p = $ round $\left(\times \frac{L \times \sqrt{2}}{2} \right) + 1$, et $N_x = 2 \times$ œil $\left(\frac{L}{2} \right) + 1$. Le nombre total de rayons X émis sera noté N. Il est égal à $N = N_p \times N_x$.

6.3.1.3 Calcul du sinogramme

Pour calculer le nombre de photons atteignant les détecteurs pour chaque rayon incident, nous calculons tout d'abord le paramètre de la loi de Poisson associé à chacun des N rayons X émis. Le vecteur P regroupant ces paramètres est de taille N × 1, il est donné par :

$$P = \sum_{k=1}^{5} b_k \times e^{-[A\mu_k]} \tag{6.10}$$

Le nombre de photons y_i atteignant le détecteur i est alors une réalisation de la loi de Poisson de paramètre P_i. Le vecteur y est calculé grâce à la fonction Matlab « poissrnd ». La matrice A = (a_{ij}) est de taille N × L^2 où a_{ij} est la distance parcourue par le rayon X de la projection i dans le pixel j de l'objet étudié.

6.3.1.4 Visualisation des images reconstruites

Toute reconstruction sera notée $_r$. Chaque matériau est caractérisé par un coefficient d'atténuation des rayons X μ, exprimé en cm^{-1}. Cette atténuation peut aussi être formulé en Unités Hounsfield en utilisant le nombre CT défini par :

$$nombreCT = \frac{\mu - \mu_{eau}}{\mu_{eau}} \cdot 1000 \tag{6.11}$$

L'annexe III présente l'échelle Hounsfield. Les images tomodensitométriques sont achées par l'ordinateur en utilisant une fenêtre et un niveau permettant de montrer une partie seulement des informations recueillies. La fenêtre correspond à l'intervalle d'unité Hounsfield qui va être achée à l'écran ; tout pixel ayant une valeur plus grande que la limite supérieure de la fenêtre est achée en blanc et tout pixel ayant une valeur plus petite que la limite inférieure de la fenêtre est achée noir. Le niveau correspond au milieu de l'intervalle d'unité Hounsfield. Nous spécifierons donc pour chaque simulation la fenêtre et le niveau utilisés.

6.3.1.5 Valeurs numériques des paramètres des conditions d'arrêt des méthodes de minimisation

Donnons ici les valeurs numériques utilisées pour déterminer les conditions d'arrêt des méthodes L-BFGS et du gradient conjugué non linéaire : Table 6.3. Nous utilisons les mêmes notations que celles introduites dans les chapitres précédents.

Tableau 6.3 Valeurs numériques des paramètres des conditions d'arrêt des méthodes de minimisation

Paramètre	Valeur numérique
Premier paramètre de Wolfe (c_1)	0.1
Deuxième paramètre de Wolfe (c_2)	0.5
Nbre max. d'itérations pour la recherche linéaire	100
Valeur minimale du pas	0
Valeur maximale du pas	1
Tolérance d'arrêt pour le pas	10^{-16}
Tolérance d'arrêt pour le gradient	10^{-16}
Nbre max. d'itération de la méthode	50
Paramètre d'échelle de positivité ( )	10
Paramètre d'échelle de régularisation ($_r$)	10

La tolérance d'arrêt pour le pas est notée t_p et la tolérance d'arrêt pour le gradient est notée t_g. Le pas calculé lors de la recherche linéaire est noté p et le gradient du critère g. Si pour une itération k > 1, $\frac{p_k}{p_{k-1}} < t_p$ ou $\frac{g_k}{g_{k-1}} < t_p$, alors l'algorithme s'arrête. Le point de convergence est atteint. Ces tolérances ont été fixées très petites afin d'avoir un résultat très précis. Le temps de calcul peut cependant être important. Un troisième critère d'arrêt sera alors utilisé : le nombre maximal d'itérations de la méthode de minimisation. Nous l'avons fixé à 50, qui est un bon compromis entre la qualité de la reconstruction et le temps de calcul.

Le point de pénalisation sera fixé de façon à minimiser l'erreur quadratique finale.

Chapitre 6 : Méthode proposée et résultats obtenus

Sa valeur varie entre 0 et 0.1.

Pour la méthode L-BFGS, nous stockons 15 vecteurs de gradient successifs pour le calcul approché du Hessien. Cette valeur réalise un bon compromis entre la stabilité de la solution et une bonne vitesse de convergence.

6.3.2 Résultats : validation des méthodes proposées

Le simulateur ayant été présenté, nous allons pouvoir effectuer une série de tests pour valider les méthodes présentées plus haut. Nous comparons les résultats obtenus par la méthode de rétro-projection filtrée (FBP) habituellement utilisée en milieu hospitalier avec ceux de la méthode du gradient conjugué non linéaire (GC), et de la méthode L-BFGS. Nous évaluons la qualité de l'image reconstruite et le temps de calcul. La qualité de l'image reconstruite sera d'abord évaluée empiriquement avec l'affichage des différentes reconstructions. Elle sera ensuite évaluée qualitativement en calculant :

- le critère G, défini par l'équation (6.8) ;
- l'erreur quadratique moyenne, définie par :

$$E\,rreur = \frac{\overline{|\mu_{vrai} - \mu_r|}^2}{\overline{|\mu_{vrai}|}^2} \qquad (6.12)$$

Puisque l'une des applications médicales de nos algorithmes serait le suivi des resténoses pour les patients ayant subi la pose d'un stent, nous utilisons deux fantômes numériques : celui d'une artère calcifiée et celui d'une artère calcifiée munie d'un stent. Les premiers résultats visent simplement à valider les méthodes proposées. Nous nous plaçons donc dans des conditions idéales : le nombre de photons incidents et de projections seront relativement grands. Nous étudierons l'influence de ces paramètres dans un deuxième temps.

6.3.2.1 Première série de tests : fantôme numérique d'une athérosclérose

L'athérosclérose est un dépôt de lipides et de calcaire sur la paroi de l'artère qui entraîne un rétrécissement progressif du diamètre de l'artère, rendant la circulation sanguine toujours plus dicile. L'artère perd également de son élasticité et ne peut plus s'élargir au besoin.

Le premier objet simulé représente donc la coupe transversale d'une artère emplie d'un agent de contraste d'atténuation 207 UH. La calcification d'atténuation 440 UH est concentrique à l'artère, elle-même entourée de tissu mou d'atténuation 50 UH. La Figure 6.5 représente la cartographie des coecients d'atténuation $_{70keV}$ de cette artère pour une fenêtre de [50; 400] UH, et un niveau de 175 UH. La taille réelle des stents est de 5 à 8 mm. Compte tenu de la résolution des tomographes couramment utilisée, nous avons choisi une taille de 63 × 63 pixel pour l'objet simulé.

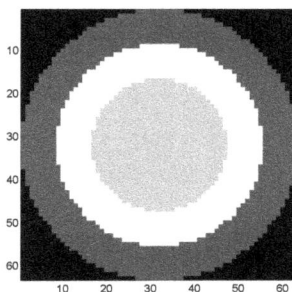

Figure 6.5 Simulation 1 : coupe transversale d'une artère calcifiée, coecients d'atténuation à 70 keV

Le second objet simulé est la coupe longitudinale de cette même artère (Figure 6.6).

129

Nous utilisons la même fenêtre et le même niveau que précédemment. L'image est

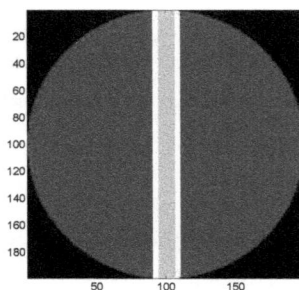

Figure 6.6 Simulation 2 : coupe longitudinale d'une artère calcifiée, coecients d'atténuation à 70 keV

de taille 199 × 199 pixels.

Les résultats obtenus sont présentés pour une fenêtre de [50; 400] UH, ce qui correspond à μ_{70keV} = [0.204; 0.272] cm^{-1}. Les images cartographient les coecients d'atténuation de l'et Compton. La fenêtre choisie pour μ_{70keV} correspond à $_{70keV}$ [0.02; 0.06]. Les résultats de la reconstruction sont consignés sur la Figure 6.7. La première colonne présente les images à reconstruire, la deuxième colonne les reconstructions F B P, la troisième colonne montre les reconstructions obtenues par la méthode L-BFGS, et la dernière colonne cre les reconstructions produites par les gradients conjugués non linéaire. Les calcifications représentent respectivement 10 % et 85 % du diamètre de l'artère.

La Figure 6.8 montre l'évolution de la valeur du critère en fonction du nombre d'itérations et du temps, pour la méthode L-BFGS et celle du gradient conjugué non linéaire (PR) +. L'objet simulé est la coupe transversale d'une artère æctée d'une calcification occupant 10 % de son diamètre. La Figure 6.9 montre l'évolu-

130

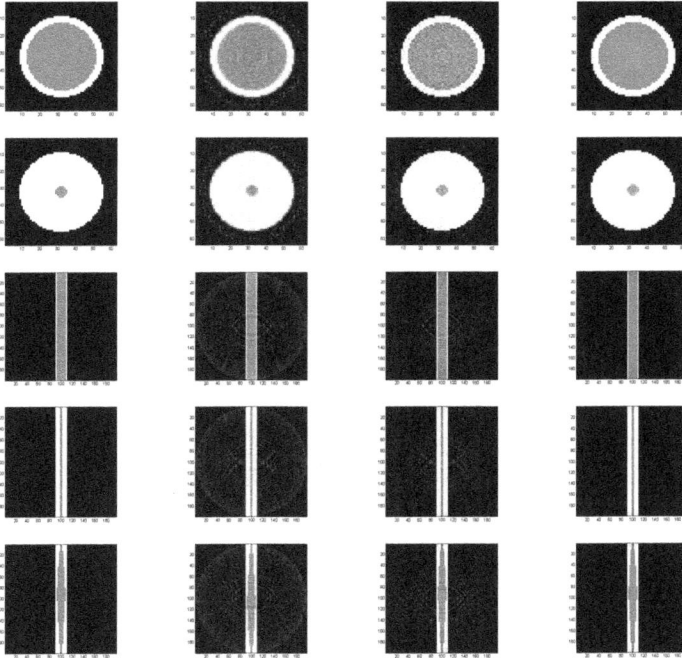

Figure 6.7 Tomographie d'une artère calcifiée. De gauche à droite : les images à reconstruire, les reconstructions obtenues par F BP, celles données par L–BFGS, et celles produites par le gradient conjugué non linéaire. De haut en bas, la coupe transversale d'une artère avec une calcification occupant respectivement 10 % et 85 % du diamètre de l'artère, puis coupe longitudinale avec une calcification occupant 15 %, 70 % et des proportions variables du diamètre de l'artère.

tion du même paramètre. Mais l'objet simulé est ici la coupe longitudinale d'une artère æctée d'une calcification occupant 15% de son diamètre. On constate que

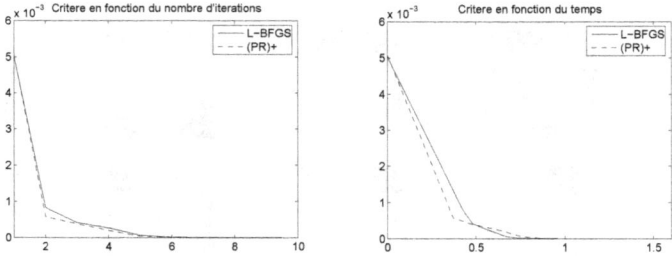

Figure 6.8 Évolution du critère en fonction du nombre d'itérations et du temps pour la simulation d'une coupe transversale d'une artère calcifiée.

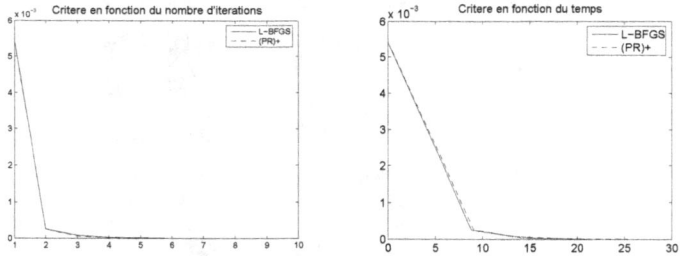

Figure 6.9 Évolution du critère en fonction du nombre d'itérations et du temps pour la simulation d'une coupe longitudinale d'une artère calcifiée.

la valeur du critère converge vers un minimum pour les deux méthodes. Nous remarquons que la méthode L-BFGS et la méthode (PR)+ converge à une vitesse sensiblement égale.

Le Tableau 6.4 compare les erreurs quadratiques obtenues pour les différentes reconstructions.

Tableau 6.4 Fantôme numérique d'une athérosclérose : comparaison des diérentes méthodes de reconstruction.

Coupe transversale				
Méthode utilisée	calcification 10%		calcification 85%	
	tps (s)	EQ (%)	tps (s)	EQ (%)
FBP	0.2	0.8	0.2	0.4
L-BFGS	5.2	0.2	4.9	0.5
GC	6.3	0.1	6.1	0.5

Coupe longitudinale						
Méthode utilisée	occlusion 15%		occlusion 70%		occlusion variable	
	tps (s)	EQ (%)	tps (s)	EQ (%)	tps (s)	EQ (%)
FBP	6.5	5.1	6.7	4	6.3	4.9
L-BFGS	182	0.1	186	0.3	181	0.2
GC	223	0.1	223	0.2	227	0.2

Les méthodes L-BFGS et GC se sont arrêtées car le nombre maximal d'itérations (50) était atteint. On constate que les trois méthodes donnent ici des résultats acceptables : la lumière de l'artère est bien visible. Notons cependant que les méthodes L-BFGS et celle du gradient conjugué fournissent des images de meilleure qualité lorsque la calcification est faible. Elles semblent donc faciliter la détection de l'athérosclérose. Les temps de calcul de ces méthodes sont plus importants, mais toutefois acceptables.

6.3.2.2   Seconde série de tests : fantôme numérique d'une artère calcifiée et munie d'un stent

La seconde série de simulations concerne les patients équipés d'un stent et dont on souhaite surveiller la resténose. Un stent est une endoprothèse généralement en nitinol, mélange de nickel et de titane.

Nous simulons donc la coupe transversale d'une artère munie d'un stent en Nitinol

(2400 UH) et remplie d'un agent de contraste (207 UH). L'arrière-plan est du tissu-
mou (50 UH) (Figure 6.10). Nous visualisons la reconstruction avec une fenêtre de
[100; 800] UH, et un niveau de 350 UH. L'image est de taille 63×63 pixels.

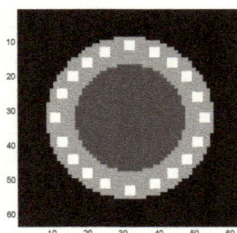

Figure 6.10 Simulation 3 : coupe transversale d'une artère calcifiée munie d'un
stent, coecients d'atténuation à 70 keV. Utilisation d'une fenêtre de [100; 800]
UH.

Nous simulons enfin la coupe longitudinale de cette même artère : Figure 6.11.
L'image est de taille 199×199 pixels.

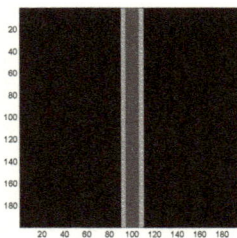

Figure 6.11 Simulation 4 : coupe longitudinale d'une artère calcifiée munie d'un
stent, coecients d'atténuation à 70 keV. Utilisation d'une fenêtre de [100; 800]
UH.

Les résultats de la reconstruction sont présentés sur la Figure 6.12.

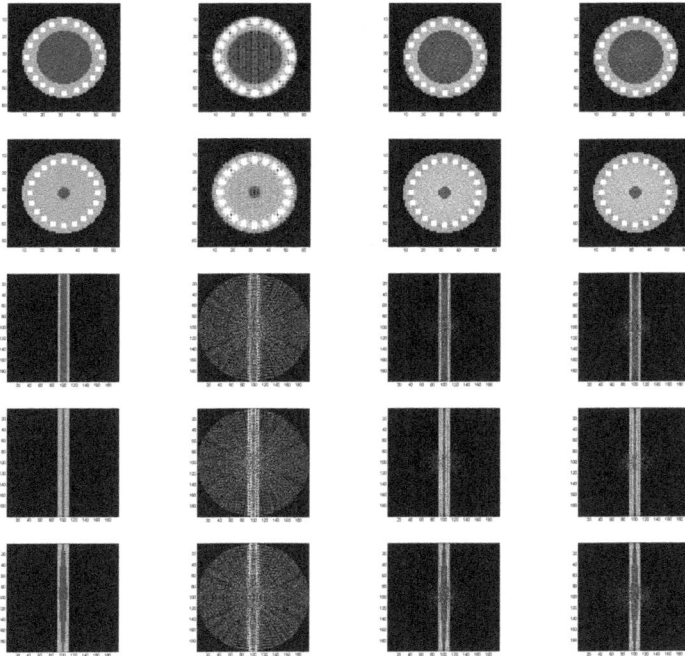

Figure 6.12 Tomographie d'une artère calcifiée munie d'un stent. De gauche à droite : les images à reconstruire, les reconstructions obtenues par FBP, celles données par L-BFGS, et celles produites par le gradient conjugué non linéaire. De haut en bas, la coupe transversale avec une calcification occupant respectivement 25% et 85% du diamètre de l'artère, puis coupe longitudinale avec une calcification occupant 15%, 70% et des proportions variables du diamètre de l'artère.

135

La Figure 6.13 montre l'évolution de la valeur du critère en fonction du nombre d'itérations et du temps, pour la méthode L-BFGS et celle du gradient conjugué non linéaire (PR)+. L'objet simulé est la coupe transversale d'une artère affectée d'une calcification occupant 25% de son diamètre et munie d'un stent. La Figure 6.14 montre l'évolution du même paramètre. Mais l'objet simulé est ici la coupe longitudinale d'une artère affectée d'une calcification occupant 15% de son diamètre et munie d'un stent. Comme pour la première série de tests, on constate que

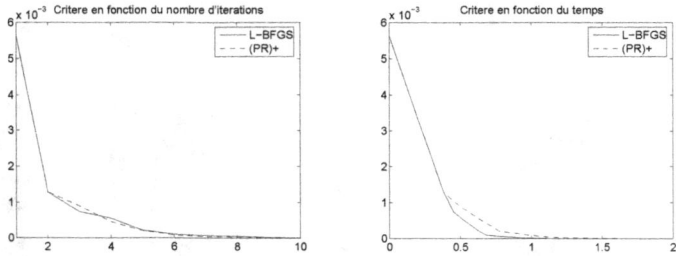

Figure 6.13 Évolution du critère en fonction du nombre d'itérations et du temps pour la simulation d'une coupe transversale d'une artère calcifiée.

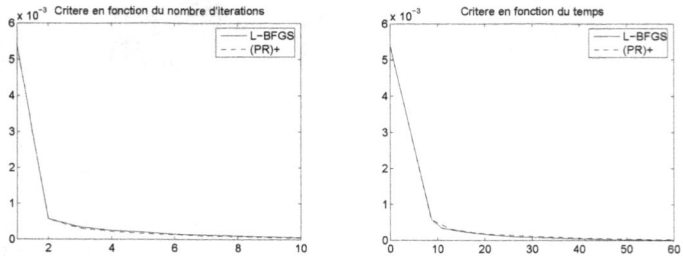

Figure 6.14 Évolution du critère en fonction du nombre d'itérations et du temps pour la simulation d'une coupe longitudinale d'une artère calcifiée.

la valeur du critère converge vers un minimum pour les deux méthodes. Nous remarquons que la méthode L–BFGS converge un peu plus vite que la méthode (PR)+, même si la diérence est faible.

Le Tableau 6.5 compare les erreurs quadratiques et les temps de reconstruction obtenus pour les diérentes reconstructions.

Tableau 6.5 Simulation numérique d'une artère calcifiée munie d'un stent : comparaison des diérentes méthodes de reconstruction.

Coupe transversale				
Méthode utilisée	calcification 10%		calcification 85%	
	tps (s)	EQ (%)	tps (s)	EQ (%)
FBP	0.2	5.5	0.2	3.2
L–BFGS	2.5	2.7	1.52	3
GC	2.78	2.6	2.06	2.7

Coupe longitudinale						
Méthode utilisée	occlusion 15%		occlusion 70%		occlusion variable	
	tps (s)	EQ (%)	tps (s)	EQ (%)	tps (s)	EQ (%)
FBP	6	100.1	6	99.1	6	100.1
L–BFGS	187	0.6	187	0.8	184	0.6
GC	232	0.6	230	0.9	231	0.6

Les méthodes L–BFGS et GC se sont arrêtées car le nombre maximal d'itérations (50) était atteint. En présence du stent, on constate que les méthodes L–BFGS et du gradient conjugué fournissent de meilleurs résultats que la méthode de reconstruction traditionnelle. Le temps de calcul reste cependant plus important. De façon générale, les méthodes des GC et L–BFGS convergent sensiblement à la même vitesse. La méthode GC présente des images de meilleure qualité. Nous gardons à l'esprit que la convergence de l'algorithme L–BFGS n'est pas prouvée, contrairement à la technique des GC.

6.3.3 Étude de la robustesse des méthodes proposées et de l'influence de diérents paramètres physiques

L'ecacité des méthodes proposées a été démontrée précédemment. Mais comment se comportent-elles lorsque le nombre de données brutes diminue ? C'est ce que nous étudions dans les prochains paragraphes.

6.3.3.1 Eets du nombre de photons émis

Nous avons choisi de simuler la coupe transversale d'une artère munie d'un stent et calcifiée. Le nombre de projections est égal à $\frac{L}{2}$. Les diérentes valeurs du nombre de photons émis pour chaque rayon X sont : $b_{total,0} = 30$, $b_{total,1} = 100$, $b_{total,2} = 1000$, et $b_{total,3} = 5000$. Nous étudions donc les eets d'une réduction de la dose de rayons X. Une reconstruction correcte pour une dose faible permettrait de limiter l'exposition du patient.

D'après Guan et Gordon (1996), le nombre de photons émis par les tomographes cliniques est de l'ordre de 10^7. La dose nécessaire pour nos simulations est cependant beaucoup plus faible car les objets simulés sont de petite taille.

Tableau 6.6 Étude de l'influence du nombre de photons émis : comparaison des erreurs quadratiques obtenues avec les diérentes méthodes de reconstruction.

Méthode utilisée	Erreurs quadratiques (%)			
	$b_{total,0} = 30$	$b_{total,1} = 100$	$b_{total,2} = 1000$	$b_{total,3} = 5000$
FBP	34.5	6.5	5.6	3.2
L-BFGS	6.6	4.3	2.7	3
GC	6.9	4.4	2.7	2.7

On constate que plus le nombre de photons incidents est important, meilleure est la reconstruction. Les résultats obtenus par L-BFGS et GC sont moins bruités que

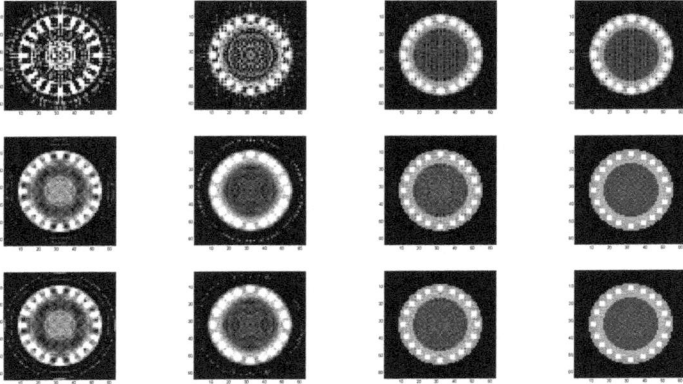

Figure 6.15 Étude de l'influence du nombre de photons incidents sur la reconstruction. De gauche à droite : $b_{total,0} = 30$, $b_{total,1} = 100$, $b_{total,2} = 1000$, et $b_{total,3} = 5000$. De haut en bas : méthode FBP, méthode LBFGS, méthode du GC non linéaire.

ceux de la méthode FBP, ce qui permettra au patient d'être moins exposé.

6.3.3.2 Eets du nombre de projections

Le nombre de photons émis par projection est égal à 5000. Nous déterminons le nombre de projections nécessaires en adoptant le raisonnement de Guan et Gordon (1996). Pour un objet de diamètre D centimètres, la fréquence d'échantillonnage dans le domaine de Fourier est au moins $\Delta f = \frac{1}{D}$. La plus grande fréquence spatiale est égale à $f_{max} = \frac{1}{2d}$, où d est la taille du détecteur en centimètres. Afin d'échantillonner l'ensemble de l'espace de Fourier, l'angle Δ entre deux projections doit être :

$$\Delta = \frac{\Delta f}{f_{max}} = \frac{2d}{D} \qquad (6.13)$$

Chapitre 6 : Méthode proposée et résultats obtenus

Le nombre de projections N_p est donc :

$$N_p = \frac{}{\Delta} = \frac{\times D}{2d} = \frac{L}{2} \qquad (6.14)$$

avec L le diamètre de l'objet en pixels.

Adoptons maintenant un autre point de vue : celui de la reconstruction mathématique. Il s'agit de résoudre un problème dont le nombre d'inconnues n_i est :

$$n_i = \frac{\times D^2}{(2d)^2} = \frac{\times L^2}{4} \qquad (6.15)$$

Sachant que L mesures sont réalisées à chaque projection, $\frac{\times L}{4}$ projections susent pour que le problème soit déterminé. Si le nombre de projections est choisi plus grand, le problème sera sur-déterminé. Si ce nombre est choisi inférieur à $\frac{\times L}{4}$, le problème sera sous-déterminé. Nous obtenons ici un nombre de projections deux fois plus petit que celui déterminé précédemment. L'échantillonnage spatial est en eet non uniforme. Les zones de l'objet situées à la périphérie du cercle doivent être échantillonnées de façon à satisfaire le critère de Nyquist. Le centre du cercle est alors inévitablement sur-déterminé. Rappelons le théorème d'échantillonnage de Shannon-Nyquist.

Théorème 5 (Shannon-Nyquist) Soit $s(x)$ un signal dont la bande passante est incluse dans l'intervalle $[-B, B]$. $s(x)$ peut-être reconstruit sans erreur à partir de la suite de ses échantillons prélevés aux emplacements nX, n Z avec $X = 1/(2B)$ (critère de Nyquist).

Dans les tomographes utilisés dans les hôpitaux, le nombre de projections est voisin de $\frac{L}{2}$. Le système est alors sur-déterminé. Afin d'étudier l'influence du nombre de projections sur la reconstruction, nous utilisons successivement $N_p = \frac{L}{2}$, $N_p = \frac{L}{4}$

et $N_p = \frac{L}{8}$.

Nous simulons la coupe transversale d'une artère calcifiée, munie d'un stent.

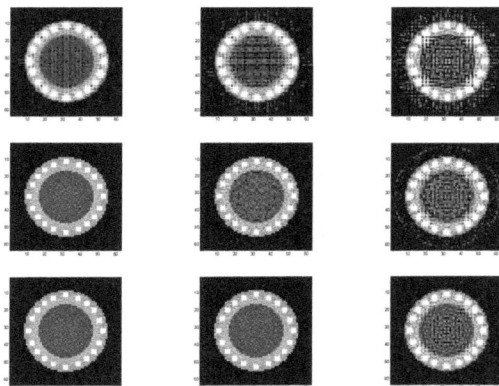

Figure 6.16 Étude de l'influence du nombre de projections sur la reconstruction. De gauche à droite : $N_p = \frac{L}{2}$, $N_p = \frac{L}{4}$ et $N_p = \frac{L}{8}$. De haut en bas : méthode FBP, méthode LBFGS, méthode du GC non linéaire.

Tableau 6.7 Étude de l'influence du nombre de projections : comparaison des erreurs quadratiques obtenues avec les diérentes méthodes de reconstruction.

Méthode utilisée	Erreurs quadratiques (%) pour diérents N_p		
	$N_p = \frac{L}{8}$	$N_p = \frac{L}{4}$	$N_p = \frac{L}{2}$
FBP	7.8	5.9	3.2
L–BFGS	4.3	2.8	3
GC	3.4	2.7	2.7

On constate que plus le nombre de projections est faible, plus la qualité de la reconstruction est æctée. Cela était bien sûr prévisible, mais on constate que la reconstruction obtenue par FBP devient très vite inutilisable tandis que les méthodes L–BFGS et GC donnent restent correctes. La dose de rayons X administrée pourra donc être plus faible.

141

6.3.3.3 Eets du nombre de rayons X par projection

Soit d(rayons) la distance séparant deux rayons X consécutifs, et L le diamètre de l'objet à reconstruire. Le nombre de rayons par projection est alors égal à $n_r = \frac{L}{d}$. Nous simulons la tomographie de la coupe transversale d'une artère munie d'un stent pour diérentes valeurs de d(rayons) : d(rayons) = 0.25 mm et d(rayons) = 0.125 mm. Les images ont alors respectivement une taille de 31 × 31 et 63 × 63 pixels. Les résultats sont présentés sur la Figure 6.17 et le Tableau 6.8.

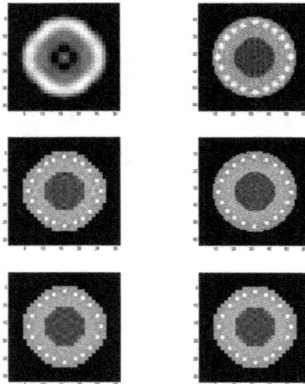

Figure 6.17 Étude de l'influence du nombre de rayons X par projection sur la reconstruction. De gauche à droite : d(rayons) = 0.25 mm et d(rayons) = 0.125 mm. De haut en bas : méthode FBP, méthode LBFGS, méthode du GC non linéaire.

Comme lors de l'étude de l'influence du nombre de projections, on constate que les méthodes L−BFGS et GC donnent de meilleurs résultats que la méthode FBP, lorsque le nombre de données est faible. Les méthodes L−BFGS et GC conduisent à une erreur quadratique plus importante lorsque d diminue (lorsque la taille de l'image augmente)

142

Tableau 6.8 Étude de l'influence du nombre de projections : comparaison des erreurs quadratiques obtenues avec les diérentes méthodes de reconstruction.

Méthode utilisée	Erreurs quadratiques (%) pour diérents N_p	
	d (rayons) = 0.25 mm	d (rayons) = 0.125 mm
FBP	32.1	10.5
L–BFGS	6.2	3
GC	5.7	2.9

6.3.3.4 Comparaison avec les méthodes de De Man et d'Elbakri

La comparaison des résultats que nous avons obtenus avec ceux des méthodes développées par De Man et Elbakri n'est pas aisée. Nous ne disposons pas, en et, des objets simulés que ces chercheurs et leurs équipes ont utilisés. Nous avons tenté de reproduire les simulations parues dans les publications (Man et al., 2001; Elbakri et Fessler, 2002), sans pour autant parvenir à en réaliser une copie conforme. Nous présentons donc les images obtenues par ces deux équipes, puis nos résultats. La comparaison sera qualitative.

Le fantôme simulé par Elbakri est de taille 41×41 cm, soit 256×256 pixels. Il est constitué de quatre cylindres en os de diamètre 6 cm, plongés dans de l'eau. Les images seront visualisées avec une fenêtre de 200 UH et un niveau de 0 UH. On a alors μ [0.175; 0.215] cm^{-1}. Après avoir construit une réplique de ce fantôme, nous avons simulé et reconstruit les images. La Figure 6.18 présente les résultats. On constate que les résultats obtenus avec notre méthode sont visuellement très comparables à ceux de Elbakri. L'erreur quadratique finale sur l'image reconstruite avec L–BFGS est de 0.3%. Notre reconstruction nécessite 7 min 30 s. Elbakri n'a pas publié les temps de reconstruction, ni de résultats pour des corps comportant des pièces métalliques. Nous ne pourrons donc pas établir de comparaison sur ces points.

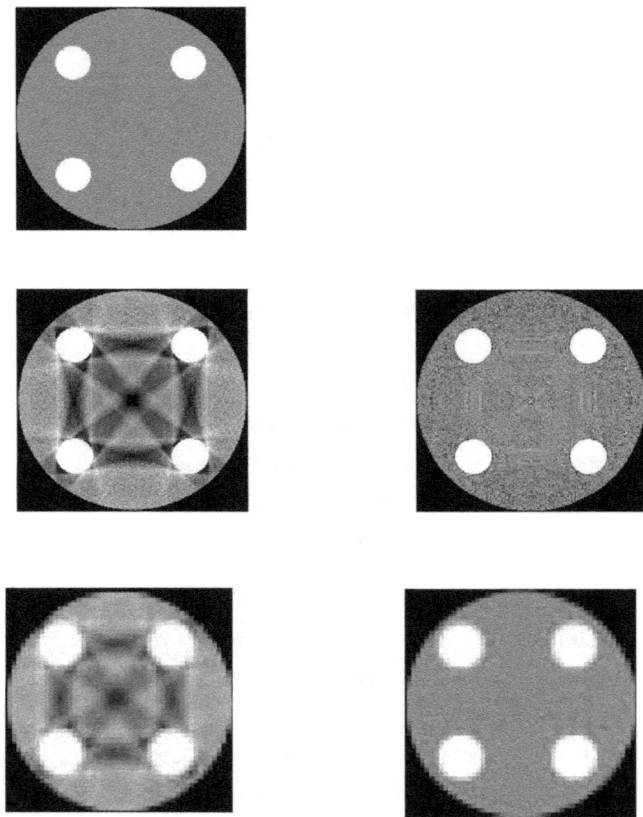

Figure 6.18 Première ligne : réplique du fantôme utilisé par Elbakri ; Deuxième ligne : reconstructions obtenues par nos simulations (FBP à gauche et L-BFGS à droite) ; Troisième ligne : reconstructions obtenus par simulation par Elbakri (Elbakri et Fessler, 2002) (FBP à gauche et sa méthode à droite).

Chapitre 6 : Méthode proposée et résultats obtenus

Le fantôme simulé par De Man est de taille 20×20 cm, soit 256×256 pixels. Il est constitué de quatre cylindres plongés dans de l'eau. Les cylindres en os ont un diamètre de 3 cm, ceux en fer ont un diamètre de 1 cm. Les images seront visualisées avec une fenêtre de 200 UH et un niveau de 0 UH. On a alors μ [0.175; 0.215] cm^{-1}. Après avoir construit une réplique de ce fantôme, nous avons simulé et reconstruit les images. La Figure 6.19 présente les résultats. On constate que la reconstruction FBP que nous obtenons est plus bruitée que celle obtenue par De Man. De Man utilise en eet un filtre de Hamming avec une fréquence de coupure égale à la moitié de la fréquence maximale. Elle entraîne un lissage de l'image. Nous utilisons un filtre de Ram-Lak qui est une meilleure approximation du filtre rampe théorique (cf. §3.4.2). De Man utilise également un post-traitement sur les images reconstruites par itérations : les discontinuités sont lissées. Nous n'avons pas réalisé de post-traitement car nous recherchons l'image la plus précise possible. On constate tout de même que l'amélioration apportée entre notre méthode FBP et notre méthode L-BFGS est comparable à l'amélioration apportée entre la méthode FBP de De Man et sa méthode de reconstruction. Aussi dirons-nous que nous sommes parvenus à réduire les artéfacts métalliques dans une mesure comparable à celle de De Man. L'erreur quadratique finale sur l'image reconstruite avec L-BFGS est de 0.3%. Notre reconstruction nécessite 13 min. Aucune indication de temps n'a été publiée par De Man. Nous ne pourrons donc pas établir de comparaison sur ce point.

6.3.4 Comparaison expérimentale des vitesses de convergence

Parmi les trois algorithmes mis en œuvre (rétro-projection filtrée, L-BFGS, et gradient conjugué non linéaire), nous cherchons celle qui donne le meilleur compromis volume de calcul – qualité de l'image. Comme le volume de calcul et la vitesse de convergence sont intrinsèquement liés, nous avons comparé expérimentalement les vitesses de convergence des diérents algorithmes, à la fois en fonction du nombre

145

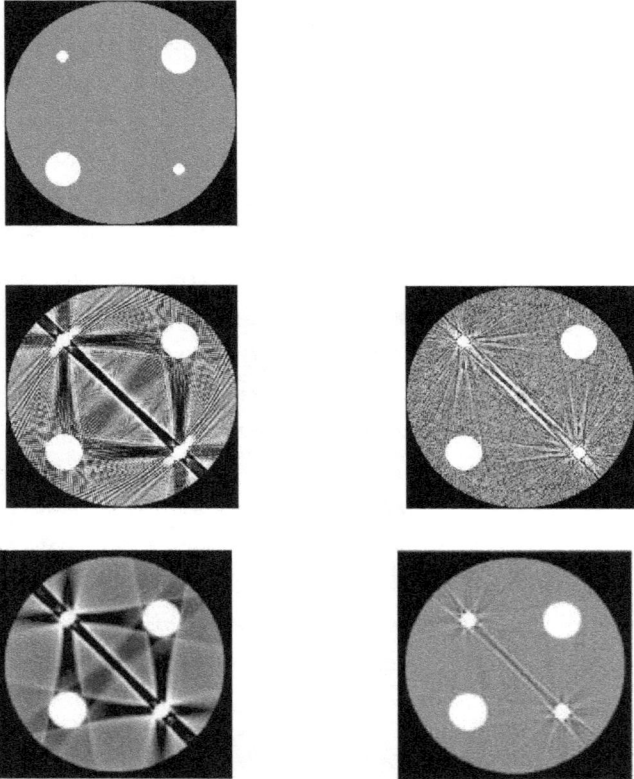

Figure 6.19 Première ligne : réplique du fantôme utilisé par De Man ; Deuxième ligne : reconstructions obtenues par nos simulations (FBP à gauche et L-BFGS à droite) ; Troisième ligne : reconstructions obtenus par simulation par De Man (Man et al., 2001) (FBP à gauche et sa méthode à droite).

d'itérations, et en fonction du temps de calcul, pour un bruit nul.

Nous avons simulé le scan transversal d'une artère calcifiée. L'image à reconstruire est de taille 63×63, elle a été présentée dans les paragraphes précédents. Assurons-nous tout d'abord de la convergence des algorithmes en visualisant l'évolution de la norme du gradient du critère G en fonction du nombre d'itérations (Figure 6.20).

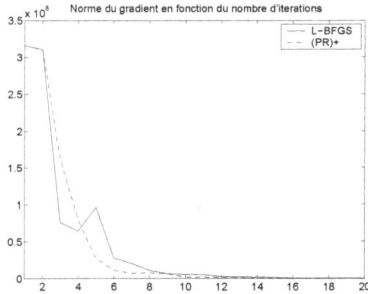

Figure 6.20 Évolution de la norme du gradient du critère G en fonction du nombre d'itérations.

On constate que la norme du gradient du critère G calculé par l'algorithme du gradient conjugué non linéaire converge de façon monotone, comme prouvé dans le chapitre précédent. Par contre, la norme du gradient du critère calculée par la méthode L–BFGS converge de façon non monotone. L'évolution du critère et de l'erreur quadratique en fonction du nombre d'itérations et du temps sont représentés sur les Figures 6.21 et 6.22.

On constate que les méthodes GC et L–BFGS convergent sensiblement à la même vitesse. Des simulations effectuées sur d'autres objets ont révélé les mêmes résultats.

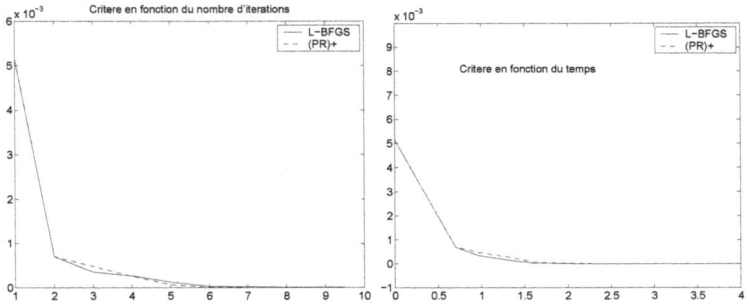

Figure 6.21 Simulation 1 : comparaison de l'évolution du critère en fonction du nombre d'itérations et du temps, pour les méthodes GC et L-BFGS.

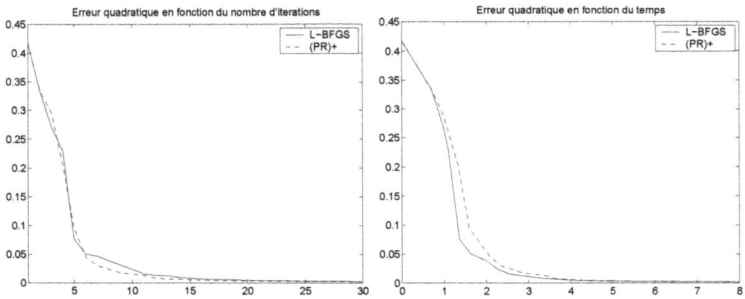

Figure 6.22 Simulation 1 : comparaison de l'évolution de l'erreur quadratique en fonction du nombre d'itérations et du temps, pour les méthodes GC et L-BFGS.

6.3.5 Reconstruction d'images tomographiques de grande taille

Les images que nous reconstruisons sous hypothèse polychromatique sont de taille 199×199 pixels. Or les images tomographiques médicales sont de taille 1024×1024 pixels. Il serait possible de traiter des images de grande taille avec les algorithmes que nous proposons, mais la place nécessaire en mémoire serait pour l'instant trop importante. Nous avons donc pensé à une méthode très intuitive de reconstruction. Voici comment nous avons procédé :

- nous faisons tout d'abord une première reconstruction sous hypothèse monochromatique en utilisant la méthode de rétro-projection filtrée ;
- puis nous sélectionnons la zone bruitée par des artéfacts ;
- nous reconstruisons enfin cette zone sous hypothèse polychromatique par la méthode L-BFGS, en supposant la reconstruction du reste de l'image sans erreur.

Par soucis de simplification et de clarté, nous appelons par la suite cette démarche « reconstruction double ». Elle utilise en eet successivement les hypothèses monochromatique et polychromatique. Afin de tester cette démarche, nous avons simulé le scan d'une artère calcifiée munie d'un stent dans du tissu mou. L'image d'origine est de taille 255×255 pixels (Figure 6.23). La figure 6.24 présente la reconstruc-

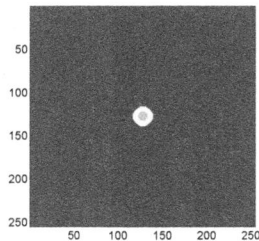

Figure 6.23 Simulation : artère calcifiée munie d'un stent dans du tissu mou.

tion monochromatique initiale et la sélection de la zone bruitée puis la reconstruction finale utilisant l'hypothèse polychromatique. Cette dernière reconstruction est comparée à la reconstruction de l'image entière sous hypothèse polychromatique. Le Tableau 6.9 présente les erreurs quadratiques de reconstruction des diérentes

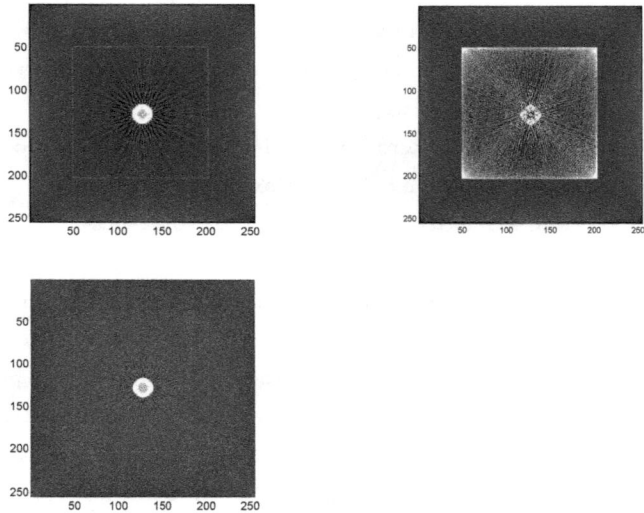

Figure 6.24 De haut en bas et de gauche à droite : reconstruction en utilisant la méthode FBP et sélection de la zone bruitée ; reconstruction de la zone bruitée sous hypothèse polychromatique ; reconstruction de l'image entière sous hypothèse polychromatique.

méthodes.

On constate que l'image obtenue en utilisant la reconstruction double est de moins bonne qualité que celle obtenue par FBP. Cela est certainement dû au fait que la zone sélectionnée n'est pas susamment grande pour contenir tous les artéfacts. Cette méthode de reconstruction repose en eet sur l'hypothèse que la partie de

Tableau 6.9 Reconstruction d'images tomographiques de grande taille : comparaison des erreurs quadratiques obtenues avec différentes méthodes

	FBP	FBP puis L-BFGS	L-BFGS
Erreur quadratique (%)	1.52	27.4	0.27

l'image non sélectionnée a été reconstruite par FBP avec une très bonne précision. Si elle n'est pas vérifiée, des erreurs se propagent dans l'image finale. Les temps de calculs nécessaires pour cette méthode sont de plus relativement importants. Les résultats ici obtenus ne sont pas satisfaisants. La reconstruction d'images de grande dimension passera donc par une meilleure gestion de la mémoire par les méthodes du gradient conjugué non linéaire ou du L-BFGS. Une écriture des algorithmes en langage C devrait permettre d'y parvenir.

6.3.6 Conclusion – Discussion

Au cours de ce chapitre, nous avons comparé les méthodes de reconstruction suivantes : L-BFGS, GC et FBP.

Pour les méthodes GC et L-BFGS, on note que :

- les temps de calcul restent importants, lors de l'évaluation des méthodes. Contrairement à la méthode FBP, il est de plus nécessaire d'attendre la fin de l'acquisition de l'ensemble des projections pour commencer la reconstruction ;

- notre mise en œuvre nécessite une place mémoire importante. Nous utilisons en effet la matrice de projection A de taille $n_p \times L^2$ où n_p est le nombre de rayons X émis. Il serait possible de réduire cet espace en utilisant une paramétrisation ;

- la reconstruction ne pourra jamais être parfaite, car le modèle adopté n'est pas parfait. Les coefficients d'atténuation sont notamment décomposés en tenant seulement compte de l'effet Compton et de l'effet photoélectrique. Certains phénomènes ont ici été négligés, comme nous l'avons vu dans le chapitre 2. La relation entre les coecients d'atténuation d'un matériau à une énergie quelconque et son coecient d'atténuation à 70 keV pourrait également être décrite plus finement. De plus, les détecteurs mesurent en réalité une variation d'énergie, et le nombre de photons captés ne suit pas une loi de Poisson. Un modèle statistique plus fidèle au phénomène physique améliorerait la qualité de la reconstruction. Nous pourrions par exemple considérer le signal total comme la somme pondérée (par l'énergie) de distributions de Poisson. Ce modèle serait potentiellement plus précis car il tiendrait compte de la nature polychromatique du rayon X incident lors du processus de détection ;

- enfin, les valeurs des paramètres d'optimisation sont ici fixées empiriquement, par essais et erreurs. La mise en place d'une méthode systématique permettrait un gain de temps et d'ecacité.

Les résultats présentés restent tout de même satisfaisants :
- la qualité de l'image est améliorée de manière sensible. Les artéfacts métalliques sont notablement réduits, sans pour autant lisser les discontinuités ;
- il serait envisageable de diminuer la dose administrée au patient ;
- il est également possible d'accélérer les algorithmes GC et L-BFGS proposés en utilisant un pré-conditionnement ;

La technique L-BFGS et l'algorithme du gradient conjugué non linéaire convergent sensiblement à la même vitesse. Aucune propriété de convergence ne peut être énoncée pour la méthode L-BFGS, contrairement aux GC qui convergent uniformément. Les GC fournissent généralement des images de meilleure qualité.

Tous les résultats ont ici été présentés pour des rayons X incidents parallèles. Un simulateur utilisant une géométrie en éventail a également été mis en œuvre. Les résultats obtenus sont tout à fait comparables à ceux que nous venons de présenter.

CONCLUSION

L'objectif de ce travail était de réaliser un bon compromis entre la qualité des reconstructions tomographiques et les temps de calculs nécessaires, notamment en présence de pièces métalliques. Nous avons pour cela tenu compte du caractère polychromatique des rayons X émis et adopté une approche de reconstruction algébrique. La première partie du travail fut consacrée à la description des phénomènes physiques de génération des données brutes : émission des rayons X, propagation dans le milieu et détection. Cela nous a permis de comprendre les limites des méthodes de reconstruction actuellement utilisées et de proposer une modélisation du problème direct plus réaliste. Notre démarche a été décrite dans le chapitre 6 où nous établissons une relation entre les données mesurées et une estimation de la reconstruction parfaite. Cette estimation minimise un critère composé de la somme d'un terme de fidélité aux données et d'un terme de régularisation. Le seconde partie du travail, exposée dans le chapitre 5, a consisté à choisir une technique de minimisation ecace pour un critère non convexe et non quadratique, soumis à une contrainte de positivité. La méthode du gradient conjugué non linéaire utilisant la recherche du pas de Moré et Thuente et la méthode quasi-Newton L-BFGS se sont révélées particulièrement ecaces.

La principale originalité de notre travail repose sur la prise en compte du caractère polychromatique des rayons X, et sur l'utilisation d'un changement de variable permettant d'assurer la positivité de la solution. Nous avons également pris soin de spécifier les propriétés de convergence des algorithmes utilisés. La méthode du gradient conjugué converge de façon monotone vers un point stationnaire mais aucune propriété de convergence ne peut être énoncée pour la technique L-BFGS. Les résultats obtenus avec des données simulées, présentés au chapitre 6, montrent une nette amélioration de la qualité de la reconstruction. Les artéfacts métalliques

153

sont très atténués. Finalement, même s'il nous est impossible de rivaliser avec la méthode de reconstruction classique, le compromis entre le temps d'exécution et la qualité des images est assez encourageant.

Un prolongement de ce travail consisterait dans un premier temps à diminuer les temps de calcul en utilisant un pré-conditionnement. Une approximation du Hessien du critère susamment fine mais rapidement calculable doit pour cela être évaluée. Il faudrait ensuite améliorer le modèle d'acquisition pour le rendre plus fidèle à la réalité et améliorer ainsi le calcul du sinogramme à partir de l'image reconstruite à chaque itération. Enfin, des tests sur des données réelles permettraient de valider l'exacité des méthodes ici proposées. Cela constituerait un premier pas vers une reconstruction 3D. Des essais sur des données réelles permettraient également de mieux quantifier l'et de la tension et du courant appliqués au tube de génération des rayons X, sur la qualité de la reconstruction.

RÉFÉRENCES

AL-BAALI, M. (1985). Descent property and Global Convergence of the Fletcher-Reeves Method with Inexact Line Search. IMA Journal Numerical Analysis, 5, 121–124.

ALLAIN, M. (2002). Approche pénalisée en tomographie hélicoïdale. Application à la conception d'une prothèse personnalisée du genou. Thèse de Doctorat, Université de Paris-Sud, Centre D'Orsay.

ALVAREZ, R. E. et MACOVSKI, A. (1976). Energy-selective Reconstructions in X-ray Computerized Tomography. Physics in Medecine and Biology, 21, 733–744.

AVRIN, D. E., MACOVSKI, A. et ZATZ, L. M. (1978). Clinical Application of Compton and Photo-electric Reconstruction in Computed Tomography. Investigative Radiology, 13, 217–222.

BARRETT, J. et KEAT, N. (2003). Artefacts in CT : Recognition and Avoidance. MHRA.

BARTHEZ, P. (2002). Technique radiologique : Formation de l'image et évaluation de la qualité technique. http ://www.vet-lyon.fr/ens/imagerie/D1/Technique/T-notes.html.

BERTSEKAS, D. (1999). Nonlinear Programming. Athena scientific.

BERTSEKAS, D. P. (1982). Projected Newton Methods for Optimisation Problems with Simple Constraints. SIAM Journal on Control and Optimization, 21, 221–246.

BOUMAN, C. A. et SAUER, K. D. (1993). A Generalized Gaussian Image Model for Edge-preserving MAP Estimation. IEEE Transactions on Image Processing, 2, 293–310.

155

BROOKS, R. A. et CHIRO, G. D. (1976). Principles of Computer Assisted Tomography (CAT) in Radiographic and Radioisotopic Imaging. *Physics in Medicine and Biology*, 21, 689–732.

BYRD, R. H., NOCEDAL, J. et SCHNABEL, R. B. (1995). Representations of Quasi–Newton Matrices and their Use in Limited Memory Methods. *Mathematical Programming*, 63, 129–156.

CENSOR, Y., GORDON, D. et GORDON, R. (2001). Bicav : a Block–Iterative Parallel Algorithm for Sparse Systems with Pixel–related Weighting. *IEEE Transactions on Medical Imaging*, 20, 1050–1060.

CHARBONNIER, P. (1994). Reconstruction d'image : régularisation avec prise en compte des discontinuités. *Thèse de Doctorat*, Université de Nice–Sophia Antipolis.

CHARBONNIER, P., BLANC–FERAUD, L., AUBERT, G. et BARLAUD, M. (1997). Deterministic Edge–Preserving Regularization in Computed Imaging. *IEEE Transactions on Image Processing*, 6, 298–311.

CONN, A. R., GOULD, N. I.M. et TOINT, P.L. (2000). Trust–Region Methods. *SIAM*, Philadelphia, USA.

CASTEELE, E. V. D., DYCK, D. V., SIJBERS, J. et RAMAN, E. (2002). An Energy–based Beam Hardening Model in Tomography. *Physics in Medicine and Biology*, 47, 4181–4190.

DENNIS, J. E. et SCHNABEL, R. B. (1996). Numerical Methods for Unconstrained Otimization and Nonlinear Equations. *SIAM*.

DORSEY, R. E. et MAYER, W. J. (1995). Genetic Algorithms for Estimation Problems With Multiple Optima, Nondierentiability, and Other Irregular Features. *Journal of Business and Economic Statistics*, 13.

DUERINCKX, A. J. et MACOVSKI, A. (1978). Polychromatic Streak Artifacts in Computed Tomography Images. Journal of Computer Assisted Tomography, 2, 481–487.

DUNKERQUE, C. R. D. (2003). http ://www.clinique-radiologique.com/tpe1.html.

ELBAKRI, I. A. et FESSLER, J. A. (2002). Statistical Image Reconstruction for Polyenergetic X-Ray Computed Tomography. IEEE Transactions on Medical Imaging, 21.

ELBAKRI, I. A. et FESSLER, J. A. (2003). Segmentation-free Statistical Image Reconstruction for Polyenegetic X-ray Computed Tomography with Experimental Validation. Physics in Medicine and Biology, 48, 2453–2477.

EPSTEIN, C. L. (2003). Introduction to the Mathematics of Medical Imaging. Upper Saddle River, N.J. : Pearson Education/Prentice Hall.

GEMAN, S. et GEMAN, D. (1984a). Stochastic Relaxation, Gibbs Distributions, and the Bayesian Restoration of Images. IEEE Transactions on Pattern Analysis and Machine Intelligence, PAMI-6, 721–741.

GEMAN, S. et GEMAN, D. (1984b). Stochastic Relaxation, Gibbs Distributions, and the Bayesian Restoration of Images. IEEE Transactions on Pattern Analysis and Machine Intelligence, PAMI-6, 721–741.

GILBERT, J. C. (2000). Optimisation diérentiable : théorie et algorithmes. IN-RIA.

GILBERT, J. C. et NOCEDAL, J. (1992). Global Convergence Properties of Conjugate Gradient Methods for Optimization. SIAM Journal on Optimization, 2, 21–42.

GILBERT, P. (1972). Iterative Methods for the Three-dimensional Reconstruction of an Object from Projections. Journal of Theoretical Biology, 36, 105–117.

GLEASON, S. S., SARI-SARRAF, H., PAULUS, M. J., JOHNSON, D. K., NOR-TON, S. J. et ABIDI, M. A. (1998). Reconstruction of High-resolution, Multi-energy, X-ray Computed Tomography Laboratory Mouse Images. IEEE Nuclear Science Symposium, 2, 8–14, conference record.

GOFFE, L., FERRIER, G. D. et ROGER, J. (1994). Global Optimization of Statistical Functions with Simulated Annealing. Journal of Econometrics, 60, 65–99.

GOLUB, G. H. et LOAN, C. F. V. (1996). Matrix Computations. The Johns Hopkins University Press, Baltimore.

GORDON, R., BENDER, R. et HERMAN, G. T. (1970). Algebraic Reconstruction Techniques (ART) for Three-dimentional Electron Microscopy and X-ray Photography. Journal of Theoretical Biology, 29, 471–481.

GREEN, P. J. (1990). Bayesian Reconstruction from Emission Tomography Data using a Modified EM-Algorithm. IEEE Transactions on Medical Imaging, 9, 84–93.

GUAN, H. et GORDON, R. (1996). Computed Tomography using Algebraic Reconstruction Techniques (ARTs) with Dierent Projection Access Schemes : a Comparison Study under Practical Situations. Physics in Medicine and Biology, 41, 1727–1743.

HAMBURGER, J. (1982). Dictionnaire de médecine Flammarion. Flammarion médecine-science.

HANSEN, P. (1990). Truncated SVT Solutions to Discrete Ill-posed Problems with Ill-determined Numerical Rank. SIAM Journal on Scientific and Statistical Computing, 11, 503–518.

HANSEN, P., JACOBSEN, M., RASMUSSEN, J. et SORENSEN, H. (2000). The PP-TSVD Algorithm for Image Restoration Problems. Dans Methods and Applications of inversion, Édité par Springer, volume 92, Berlin.

HANSON, K. M. et WECHSUNG, G. W. (1985). Local Basis-function Approach to Computed Tomography. Applied Optics, 24, 4028–4039.

HAUPT, R. (1995). An Introduction to Genetic Algorithms for Electromagnetics. IEEE Antennas and Propagation Magazine, 37, 7–15.

HERMAN, G. T. (1979). Correction for Beam Hardening in Computed Tomography. Physics in Medicine and Biology, 24, 81–106.

HERMAN, G. T. (1980). Image Reconstruction from Projections. The Fundamentals of Computerized Tomography. Academic Press, New York, USA.

HERMAN, G. T. et LENT, A. (1976). Quadratic Optimization for Image Reconstruction I. Computer graphics and image processing, 5, 319–332.

HUBBEL, J. H. et SELTZER, S. (1995). Tables of X-Ray Mass Attenuation Coecients and Mass Energy-Absorption 1 keV to 20 Mev for Elements Z=1 to 92 and 48 Additionnal Substances of Dosimetric Interest. NISTIR 5632.

HUBERT, P. (1981). Robust Statistics. John Wiley, New York.

HUNT, B. R. (1973). The Applications of Constrained Least Squares Estimation to Image Restoration by Digital Computer. IEEE Transactions on Communications, C, 805–812.

HUSTACHE, S. (2001). Intéractions Rayonnement Matière. http ://www-dapnia.cea.fr/Etudiants/Cours/5/3.ppt.

IDIER, J. (2000). Approche bayésienne pour les problèmes inverses. Hermès.

JENG, F. C. et WOODS, J. W. (1990). Simulated Annealing in Compound Gaussian Random Fields. IEEE Transactions on Information Theory, 36.

JOSEPH, P.M. et RUTH, C. (1997). A Method for Simultaneous Correction of Spectrum Hardening Artifacts in CT Images Containing Both Bone and Iodine. Medical Physics, 24, 1629–1634.

JOSEPH, P.M. et SPITAL, R. D. (1978). A Method for Correctiong Bone Induced Artifacts in Computed Tomography Scanners. Journal of Computer Assisted Tomography, 2, 100–108.

KAK, A. C. et SLANEY, M. (1988). Principles of Computerized Tomographic Imaging. Rapport technique, IEEE Press.

KALENDER, W. A., HEBEL, R. et EBERSBERGER, J. (1987). Reduction of C T Artifacts Caused by Metallic Implants. Radiology, 164, 576–577.

LAMBERT, J. H. (1760). Photometria. Augsburg.

LANGE, K. et CARSON, R. (1984). E M Reconstruction Algorithms for Emission and Transmission Tomographic Reconstruction. Journal of Computer Assisted Tomography, 8, 306–316.

LEVINTIN, E. S. et POLIAK, B. T. (1966). Constrained Minimization Problems. USSR Computational Mathematics and Mathematical Physics.

LEWITT, R. M. (1992). Alternative to Voxels for Image Representation in Iterative Reconstruction Algorithms. Physics in Medicine and Biology, 37, 705–716.

LEWITT, R. M. et BATES, R. H. (1978). Image Reconstruction from Projections : III : Projection Completion Methods. Optiks, 50, 189–204.

LOUVAIN, U. C. D. (2004). http ://www.topo.ucl.ac.be.

LéTOURNEAU-GUILLON, L., SOULEZ, G. et BEAUDOIN, G. (2004). C T and M R Imaging of Nitinol Stents with Radioopaque Distal Markers. Journal of Vascular and Interventional Radiology.

MAN, B. D., NUYTS, J., DUPONT, P., MARCHAL, G. et SUETENS, P. (1998). Metal Streaks Artifacts in X-ray Computed Tomography : a Simulation Study. IEEE Nuclear Science Symposium, 3, Conference Record.

MAN, B. D., NUYTS, J., DUPONT, P., MARCHAL, G. et SUETENS, P. (2001). An Iterative Maximum-Likelihood Polychromatic Algorithm for CT. IEEE Transactions on Medical Imaging, 20.

160

M O R é, J. et THUENTE, D. (1994). Line Search Algorithms with Guaranteed Sucient Decrease. ACM Transactions on Mathematical Software, 20, 286–307.

NEWTON, T. H. et POTS, D. G., éditeurs (1981). Technical Aspecte of Computed Tomography. The C. V. mosby compagny.

NOCEDAL, J. et WRIGHT, S. (1999). Numerical Optimization. New-York : Springer.

LAFOURCHE, T. H. C. O. (1998). http ://www2.cajun.net/ wpharo/stent.html.

SPOKANE, T. H. I.O. (2004). http ://www.this.org/research/research.html.

ORBAN, D. (2004). Optimisation numérique : méthodes de points intérieurs. École Polytechnique de Montréal.

POWELL, M. J. D. (1977). Restart Procedures for the Conjugate Gradient Method. Mathematical Programming, 12, 241–254.

POWELL, M. J. D. (1984). Nonconvex Minimization Calculations and the Conjugate Gradient Method. Dans Lecture notes in Mathematics 1066, Springer-Verlag, 122–141.

SUETENS, P. (2002). Fundamentals of Medical Imaging, chapitre 5. Press syndicate of the university of Cambridge, 69–81.

SUPELEC, E. (2004). http ://www.ese-metz.fr/metz/eleves/themes.html.

VERSICHERUNG, C. (2001). http ://www.css.ch/fr/home.htm.

WANG, G., SNYDER, D. L., O' SULLIVAN, J. A. et VANNIER, M. W. (1996). Iterative Deblurring for CT Metal Artifact Reduction. IEEE Transactions on Medical Imaging, 15, 657–664.

WILLIAMSON, J. et AL (2002). Prospects for Quantitative Computed Tomography Imaging in the Presence of Foreign Metal Bodies Using Statistical Image Reconstruction. Medical Physics, 29.

ANNEXE I

FORMULATION DE L'APPROXIMATION QUADRATIQUE DU CRITÈRE

Nous allons ici présenter plus en détail les développements mathématiques qui ont permis de construire l'approximation quadratique du critère.

Les vecteurs seront écrits en caractère gras (par exemple v), et ses composantes en lettre minuscule indexée (v_i désigne la $i^{ème}$ composante du vecteur v). Le produit matriciel entre deux matrices (ou une matrice et un vecteur) sera noté $A B$ (ou $A u$). La division terme à terme de deux vecteurs est notée $\frac{u}{v}$.

Rappelons la signification des variables utilisées :

- N est le nombre de rayons X émis
- L est la longueur du côté de l'image à reconstruire (en pixels)
- $A = (a_{ij})$ est la matrice de taille $N \times L^2$ telle que a_{ij} est la distance parcourue par le rayon X de la projection i dans le pixel j de l'objet scanné.
- r_{ik} représente le nombre de photons-bruit reçu par le récepteur i pour le niveau d'énergie k
- y_i est le nombre de photons ayant traversé le corps et reçu par le récepteur i
- b_k est réel. Ils représentent le nombre de photons incidents ayant le niveau d'énergie k
- est le vecteur des coeficients linéiques d'atténuation du corps scanné, de taille $L^2 \times 1$
- $_ku + {}_kv$ représente l'atténuation du faisceau pour chaque rayon. $_k$ et $_k$ sont réels, u et v sont de taille $N \times 1$.

Rappelons l'expression du critère $-L(\mu_{70})$:

$$-L(\mu_{70}) = \sum_{i=0}^{N} \sum_{k=1}^{K} b_k e^{-(\ _k u + \ _k v)_i} + r_{ik}$$
$$- y_i \ln \left[\sum_{k=1}^{K} b_k e^{-(\ _k u + \ _k v)_i} + r_{ik} \right] - \ln\ _i! \qquad (I.1)$$

Avec :

$$_i = \sum_{k=1}^{K} b_k e^{-(\ _k u_{sol} - \ _k v_{sol})_i} + r_{ik} \qquad (I.2)$$

$_i$ est correspond au nombre de photons détectés par le tomographe. Il est donc connu. Nous avons :

$$u = A$$
$$v = A \qquad (I.3)$$

où et sont deux vecteurs fonction d'une même variable μ_{70}. Elles sont donc liées. Ce lien est exprimé par une relation linéaire :

$$= + \qquad (I.4)$$

où et sont connus et sont de la forme :

$$= \begin{bmatrix} (0) & & \ddots & & (0) \end{bmatrix}^{1}_{L^2} \qquad = \begin{bmatrix} \vdots \end{bmatrix}^{1}_{L^2} \qquad (I.5)$$

Le développement de Taylor du second ordre au voisinage du point courant $_0$ donne :

$$-L(\ _0 + s) \quad -L(\ _0) + g\ s + \frac{1}{2} s\ H\ s \qquad (I.6)$$

163

I.1 Calcul de g :

Le gradient g de − L est défini par :

$$g_u = \begin{pmatrix} -\partial L/\partial_1 \\ \vdots \\ -\partial L/\partial_N \end{pmatrix}_0 \tag{I.7}$$

On obtient :

$$\boxed{g = d_u^T A + d_v^T A}$$

où les vecteurs d_u et d_v sont définis comme suit :

$$d_u = \begin{pmatrix} -\partial L/\partial u_1 \\ \vdots \\ -\partial L/\partial u_N \end{pmatrix}_{(u_0,v_0)} \qquad d_v = \begin{pmatrix} -\partial L/\partial v_1 \\ \vdots \\ -\partial L/\partial v_N \end{pmatrix}_{(u_0,v_0)} \tag{I.8}$$

avec :

$$-\frac{\partial L}{\partial u_i} = \sum_{k=1}^{K} b_k{}_k e^{-{}_k u_i - {}_k v_i} - 1 + \frac{y_i}{{}_i} \tag{I.9}$$

$$-\frac{\partial L}{\partial v_i} = \sum_{k=1}^{K} b_k{}_k e^{-{}_k u_i - {}_k v_i} - 1 + \frac{y_i}{{}_i} \tag{I.10}$$

164

I.2 Calcul de H :

Le Hessien H de $-L$ est défini par :

$$
H \;=\;
\begin{bmatrix}
-\partial^2 L/\partial_1^2 & -\partial^2 L/\partial_1\partial_2 & \cdots & -\partial^2 L/\partial_1\partial_{L^2} \\
-\partial^2 L/\partial_2\partial_1 & -\partial^2 L/\partial_2^2 & & \\
 & \vdots & & \ddots \\
-\partial^2 L/\partial_{L^2}\partial_1 & & & -\partial^2 L/\partial_{L^2}^2
\end{bmatrix}
\tag{I.11}
$$

$$
\boxed{\,H \;=\; A^T C_1 A + {}^T A^T C_2 A + A^T C_2 A + {}^T A^T C_3 A\,}
$$

Les matrices C_1, C_2, C_3 sont définies comme suit :

$$
C_1 \;=\; \sum_k b_k \,{}_k^2 e^{-\,_k u_0 -\,_k v_0}\left(1-\frac{y}{}\right) + y\left(\frac{\sum_k b_k \,_k e^{-\,_k u_0 -\,_k v_0}}{}\right)^2
\tag{I.12}
$$

$$
C_2 \;=\; \sum_k b_k \,_k\,_k e^{-\,_k u_0 -\,_k v_0}\left(1-\frac{y}{}\right)
$$
$$
+\; y\,\frac{\sum_k b_k \,_k e^{-\,_k u_0 -\,_k v_0}}{}\;\frac{\sum_k b_k \,_k e^{-\,_k u_0 -\,_k v_0}}{}
\tag{I.13}
$$

$$
C_3 \;=\; \sum_k b_k \,_k^2 e^{-\,_k u_0 -\,_k v_0}\left(1-\frac{y}{}\right) + y\left(\frac{\sum_k b_k \,_k e^{-\,_k u_0 -\,_k v_0}}{}\right)^2
\tag{I.14}
$$

165

COEFFICIENTS D'ATTÉNUATION DES DIFFÉRENTS
MATÉRIAUX UTILISÉS LORS DES SIMULATIONS

matériau	coecient d'atténuation en cm^{-1} à diérentes énergies				
	40 keV	60 keV	70 keV	80 keV	110 keV
agent de contraste	0.323838	0.248521	0.234882	0.221726	0.20519
tissu mou	0.281178	0.215783	0.203941	0.192518	0.17816
calcification	0.35292	0.29801	0.28	0.2737	0.255
NiTi	1.53438	0.749782	0.6523	0.544658	0.45883

Ces valeurs ont été calculées grâce aux données fournies par le site Internet :
http ://physics.nist.gov

Le Nitinol (NiTi) est constitué à 50% de Nickel et à 50% de Titane.

ECHELLE HOUNSFIELD

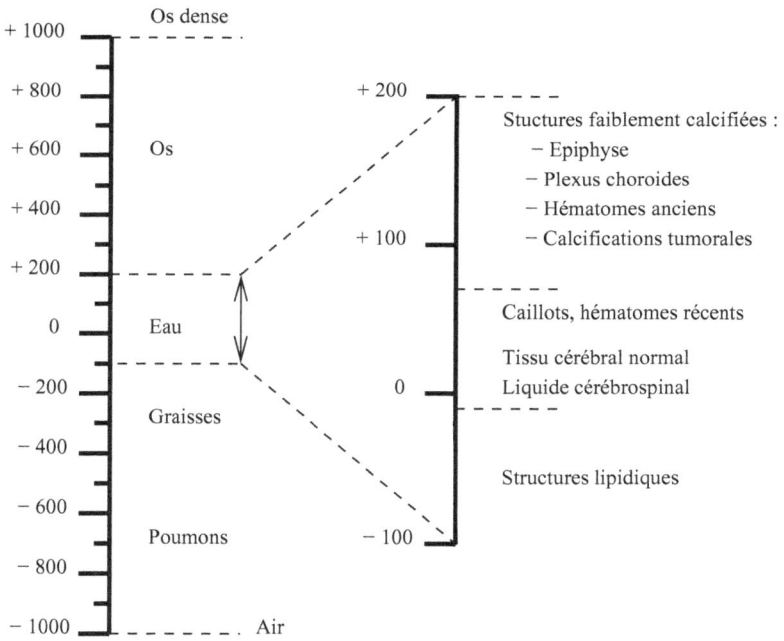

Figure III.1 Echelle Hounsfield

www.ingramcontent.com/pod-product-compliance
Lightning Source LLC
Chambersburg PA
CBHW021048210326
41598CB00016B/1140